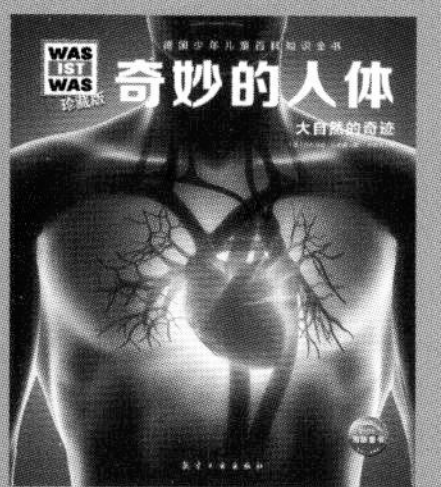

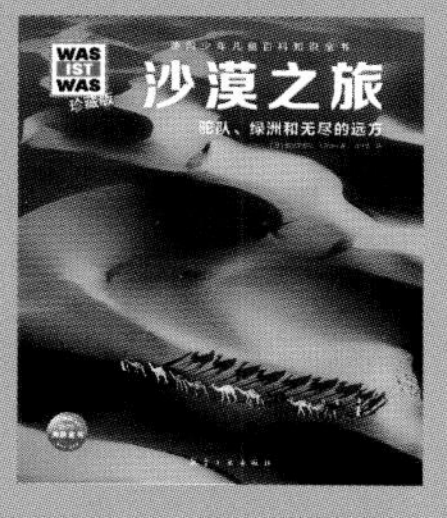

第一辑·全10册

第二辑·全10册

第三辑·全10册

第四辑·全10册

第五辑·全10册

第六辑·全10册

第七辑·全8册

学习源自好奇 科学改变未来

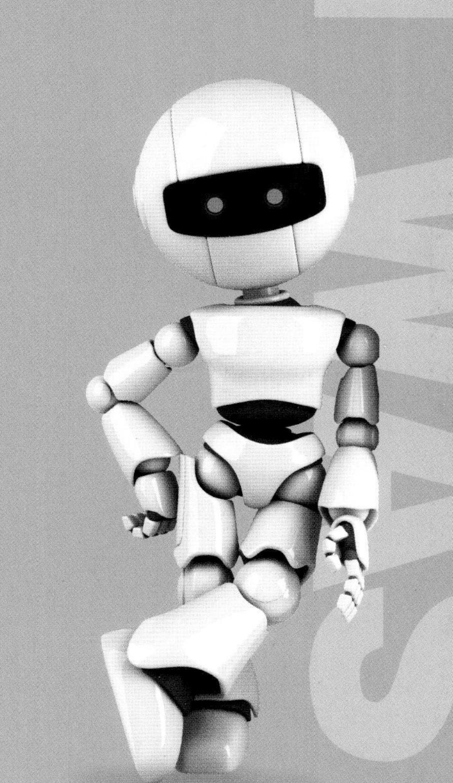

德国少年儿童百科知识全书

全球气候

冰期和气候变化

[德] 曼弗雷德·鲍尔 / 著　蔡亚玲 / 译

长江出版传媒 | 长江少年儿童出版社

方便区分出不同的主题！

真相大搜查

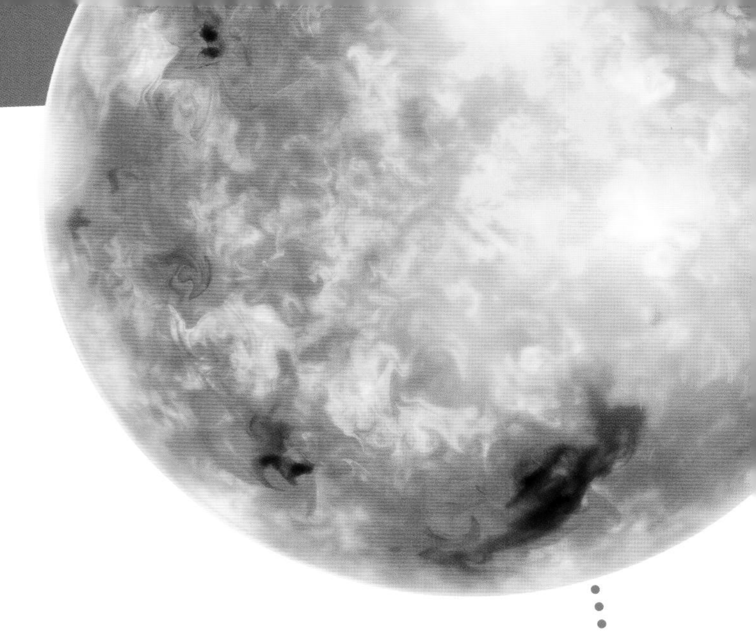

12 虽然我们不能每时每刻见到太阳，但太阳会不断地向地球发射光线，它是气候变化的“引擎”。

7 天气和气候有什么区别？为什么气象数据对气候学家的研究工作很重要？

4 气候究竟是什么？

符号▶代表内容特别有趣！

12 影响气候的主要因素

22 我们如何获取历史气候的相关信息？此部分你将学习和了解气候学的研究方法。

24 地球气候史

36 气候变化

48 名词解释

雨林中的高塔

巴西的百万人口城市马瑙斯坐落在亚马孙平原中部。伊莱恩·戈麦斯－阿尔维斯博士每年都会在这儿待上几个月，度过一段美妙的时光。这位年轻的生物学家以亚马孙地区的树木为研究对象，顺利完成了自己的博士论文，并以此为基础展开更深入、更具体的科研工作。

热带雨林具有净化大气、维持地球水循环和制造氧气等多种环境效益，被誉为“地球之肺”。伊莱恩和来自德国、巴西的科研人员通力合作，他们希望在巴西当地相关部门的协助下，研究热带雨林对气候究竟有哪些影响。为此，他们从马瑙斯市启程，前往一个非常特别的地方——亚马孙高塔天文台。这座 325 米高的观测塔是一座铁塔，位于距离马瑙斯市 150 千米的密林中。

艰难的旅途

从马瑙斯市到亚马孙高塔天文台大约要花 6 小时。伊莱恩和她的同事先驱车行驶了一段路程；然后他们换乘快艇，还得把科研仪器和生活物资等一并转移到快艇上。在原始的热带雨林中，河流是天然的交通运输通道。鹦鹉和猿猴的鸣叫声穿过茂密的丛林，从四面八方传来。林间缭绕着清新的木香，如同名贵的香水那般芬芳馥郁，沁人心脾。

“现在赶紧深呼吸，”伊莱恩说，“乔木和灌木会释放出一些挥发性有机化合物，这就是我们现在闻到的这股香味的来源。”这些物质正是伊莱恩的主要研究对象。植物通过释放挥发性有机化合物来传递信息：利用这类物质，植物既可以吸引昆虫来为它们传粉，也可以抵御寄生虫的侵害，或在害虫大举来犯时向其他植物发出警报。

云的制造者

植物释放的挥发物质对于云的形成有着至关重要的作用，它们能促使雨林上空中的水汽凝结并形成云滴。两小时后，快艇将科研人员送到一座码头。在这里，大家卸下快艇上的各种物资和用品，搬到一辆皮卡上。伊莱恩一行人坐上这辆皮卡，沿着一条狭窄泥泞的小道继续行驶约 10 千米。突然，一只刺豚鼠从路边窜出，穿过小路后，就消失在了林间。这种啮齿动物的牙齿锋利且坚固，是世界上唯一一种能将巴西栗咬碎的动物。巴西栗树是魁梧的丛林巨人，树高可达 45 米。这种乔木会对当地气候产生怎样的影响？它们与大气层会进行哪些物质交换？这对当地的环境又意味着什么？伊莱恩对这些问题充满好奇。

姓　名：伊莱恩·戈麦斯－阿尔维斯
职　业：生物学家
国　籍：巴西

为了防止这座高大、细长的天文观测塔倒塌，建筑工人用钢缆对它进行了加固。科研人员必须徒步登塔。

知识加油站

- 挥发性有机化合物会和空气中的分子发生反应，形成微粒。大气中的水汽能在微粒上凝结成云滴，云滴汇聚形成雨云，因此这些微粒又被称作云凝结核。
- 植物不断释放出挥发性物质，以此进行自我防御，或与其他动植物交流沟通。
- 亚马孙高塔天文台的英文缩写是“ATTO”，英文全称是“Amazon Tall Tower Observatory”。

伊莱恩正在静静地聆听植物的“香语”。图中这台特殊的仪器可以测定空气中的挥发性有机化合物的种类和含量。

营 地

科研人员终于安全抵达营地。亚马孙高塔天文台和两座小塔就矗立在营地上。伊莱恩和同事们走的这条路线是连接马瑙斯市和营地的唯一途径。几年前，为了修建高塔天文台，工人们通过公路和河流将施工工具、大型器械以及 100 多吨钢铁运送到这个偏远的地方。施工期间，工人们尽最大可能减少树木的砍伐，因为研究人员需要的是未受人类活动影响的天然森林的生态状况。

亚马孙高塔天文台建在山丘上，这样在雨季时，营地才不会被洪水淹没；此外，当地盛行东风，观测台位于城市的上风向，因此铁塔内的观测仪器不会受到来自马瑙斯市废气的干扰，可以更准确地监测雨林的原生态大气环境。伊莱恩和她的同事们到营地时天已经黑了，无法继续工作。他们便在营地里的一个铁皮棚下用餐，然后把吊床挂好。科学家和技术人员、本科生、博士都只能在这样简陋的条件下休息。

倾听植物的细语呢喃

第二天清晨，飞鸟啼鸣，猿猴长啸，伊莱恩和同事们在一片喧闹声中醒来。早餐后，他们就开始登塔。用绳索和登山扣做好个人安全防护后，大家开始沿着陡峭的铁楼梯向上爬，45 分钟后才到达铁塔最上层的平台。平台上视野开阔，风景甚好。伊莱恩挑选出了一个合适的测量位置，她的同事会在这里测量多项大气数据，例如热带雨林释放和吸收的二氧化碳量等。同事们为伊莱恩提供科研需要的各项气象数据，伊莱恩则主要在塔下工作，工作人员为伊莱恩在铁塔的一层平台上搭建了一个简易的工作台，这个工作台被周围的树冠环绕着。在这里，伊莱恩曾与一群猴子发生了一次小小的冲突，伊莱恩说：“一只猴妈妈担心我伤害她的小宝宝。所以它情绪激动。”

伊莱恩想弄明白植物在面对不良气候环境（如干旱、高温等）时会做出怎样的反应。然而，过度砍伐、焚林造田等人类活动使得热带雨林在经受自然考验之前先遭到了人类的破坏，她为此忧心忡忡：“热带雨林对全球的气候和环境有着至关重要的调节作用。因此，我们必须竭尽全力地保护和恢复热带雨林。”

森林会对气候产生哪些影响？气候又会对森林起到怎样的作用？气候学家们将会对这些问题作出解答。

天气和气候

人们经常谈论天气。艳阳普照让人心情舒畅，阴雨绵绵则通常令人愁绪满怀。晴朗、干燥的天气持续多日后，农民们最期盼的就是能下一场及时雨，来缓解草场和田地的旱情。当然，一年中的天气状况也决定着当年的农业收成。一个糟糕的夏天可能会导致农作物大幅减产，甚至会危及整个国家的粮食供给。气候变化正引起许多国家和地区的高度关注。要想弄清楚气候以及气候变化和人类生活之间的关系，我们首先必须准确理解和把握这两个概念——天气和气候。

什么是天气？

天气情况和降水、风、气温等气象要素紧密相关。常见的降水形式有雨、雪和冰雹等。一年 365 天，天气时冷时热，时而潮湿时而干燥，变化多端。有些日子里，一丝风都没有，空气稠乎乎的仿佛凝固了，而后，突然狂风大作，飞沙走石，成排的树木被大风连根拔起。天气是如此多变，我们几乎每天都能感受到。在德国，四月的天气喜怒无常、阴晴不定，有时变化甚至就在分秒之间。上一秒还晴空万里，日暖风和，少顷便雪虐风饕，成片的雪花铺天盖地地落下来。总而言之，我们的窗外所见、门前所感，都是天气。天气就是短时间内地球大气中发生的各种气象变化。

什么是气候？

气候能告诉我们一个地点或一个地区最盛行的天气类型，它描述的是这个地方多年内的概括性的气象情况。在分析某地的气候类型时，人们通常会用三十年的天气观测结果来计算该地的标准气候平均值。我们能直观地感受到天气的变化，然而气候却很难感知，而且不能仅根据记忆判断气候：忆往昔，夏日总是喧嚣、热闹的，大家在湖边嬉戏玩耍，好不惬意；冬天白雪皑皑，天地之间白茫茫的一片。所以，我们会很自然地忘记夏季其实也有阴雨连绵的日子，冬季也不总是在下雪。地球上分布着不同类型的气候带；在同一气候带内，气候特征和气候条件基本相似。

气象学家和气候专家

精准的气象记录是重要的信息库，也是人类了解当前以及数十年前气候状况的唯一途径。

南极的天气也是不断变化的，有时阳光普照，然后突然间就会暴雪肆虐、气温骤降。

你知道吗？

为了获得准确可靠的气象数据，人们建了大量的气象观测站。德国现代意义上的气象记录始于 1881 年。当德国人说“这是有气象记录以来最暖的八月”，说明那是 1881 年以来最暖的八月。

为了让农作物获得好收成，农民希望准确掌握天气情况。他们在田地里栽种何种作物和该地区的气候类型也是密切相关的。

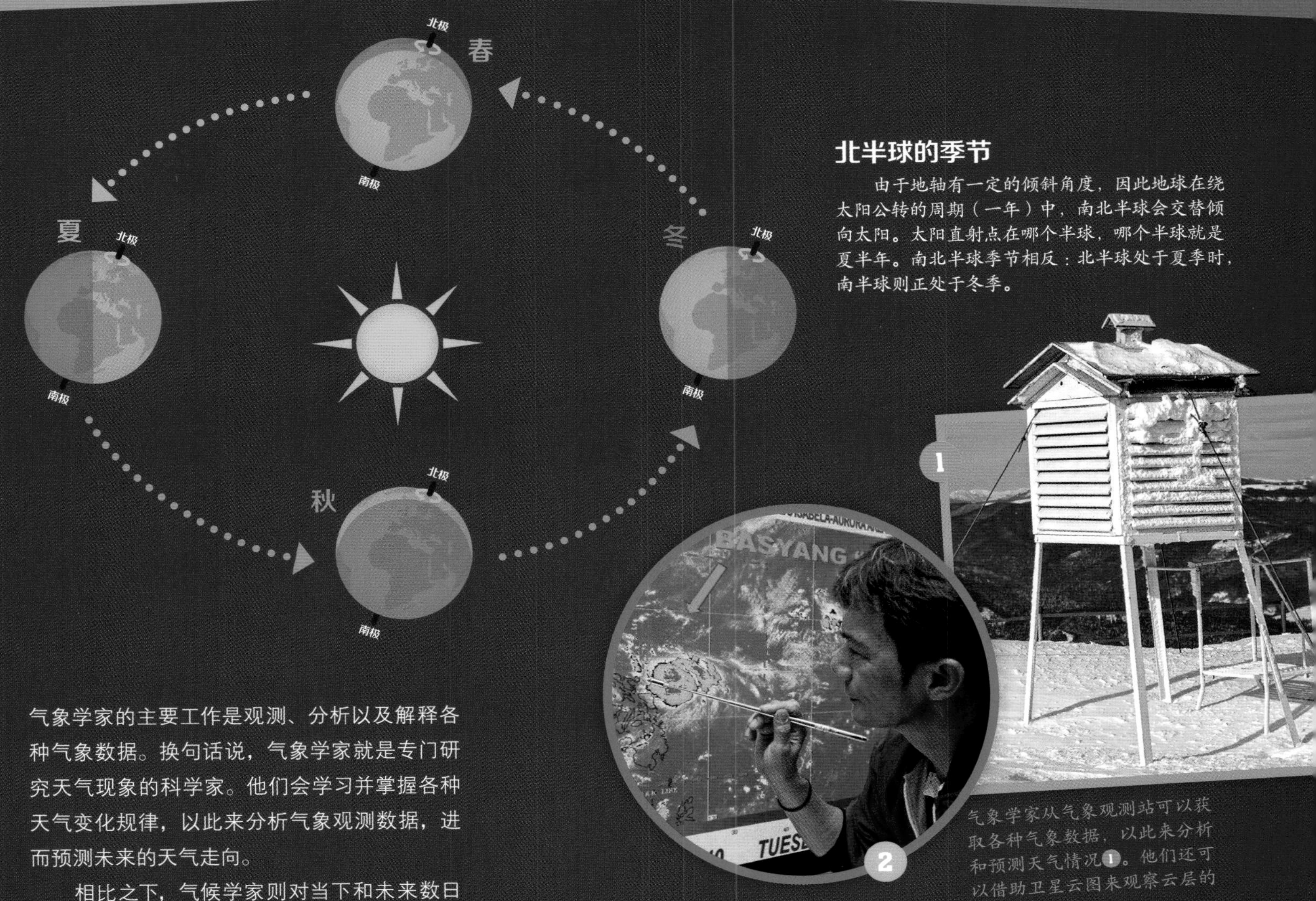

北半球的季节

由于地轴有一定的倾斜角度，因此地球在绕太阳公转的周期（一年）中，南北半球会交替倾向太阳。太阳直射点在哪个半球，哪个半球就是夏半年。南北半球季节相反：北半球处于夏季时，南半球则正处于冬季。

气象学家从气象观测站可以获取各种气象数据，以此来分析和预测天气情况❶。他们还可以借助卫星云图来观察云层的变化❷。

气象学家的主要工作是观测、分析以及解释各种气象数据。换句话说，气象学家就是专门研究天气现象的科学家。他们会学习并掌握各种天气变化规律，以此来分析气象观测数据，进而预测未来的天气走向。

相比之下，气候学家则对当下和未来数日的天气情况并不太感兴趣，但是他们也会利用气象数据来计算和构建气候模型。为了研究过去的自然气候变化，气候学家还会参考和分析历史气象数据。通过这些途径研究发生在地球上的各种气候现象，来对一系列问题作出解答，例如：影响气候的因素有哪些？哪些自然条件使得气候具有一定的稳定性？未来气候将如何变化？人类以及人类活动会对气候产生怎样的影响？

季节更替

一个地区的纬度位置、海陆分布以及受到的太阳辐射多少，是影响该地区天气和气候变化的主要因素。赤道地区几乎全年受到太阳的垂直照射，因此该地区全年高温。两极地区基本全年都是受太阳斜射，阳光热量分散，因此两极地区气温明显较低。由于地轴和地球的公转轨道面（黄道面）之间有一定的夹角，因此地球上不同地区在一年中接收的太阳辐射能会有一定的波动，这样就形成了春夏秋冬四个季节的更迭——正如在中纬度地区的人们所熟悉的那样。

天　气：瞬时或短时内风、云、降水、气温、湿度、气压等气象要素的综合状况。日常所说的天气，指影响人类生活、生产的大气物理现象及其状态，如晴、雨、冷、暖、干、湿等。

气　候：某一地区多年的天气特征。世界气象组织的通用标准是气候要素连续 30 年的平均值。由太阳辐射、大气环流、地面性质等因素相互作用所决定。

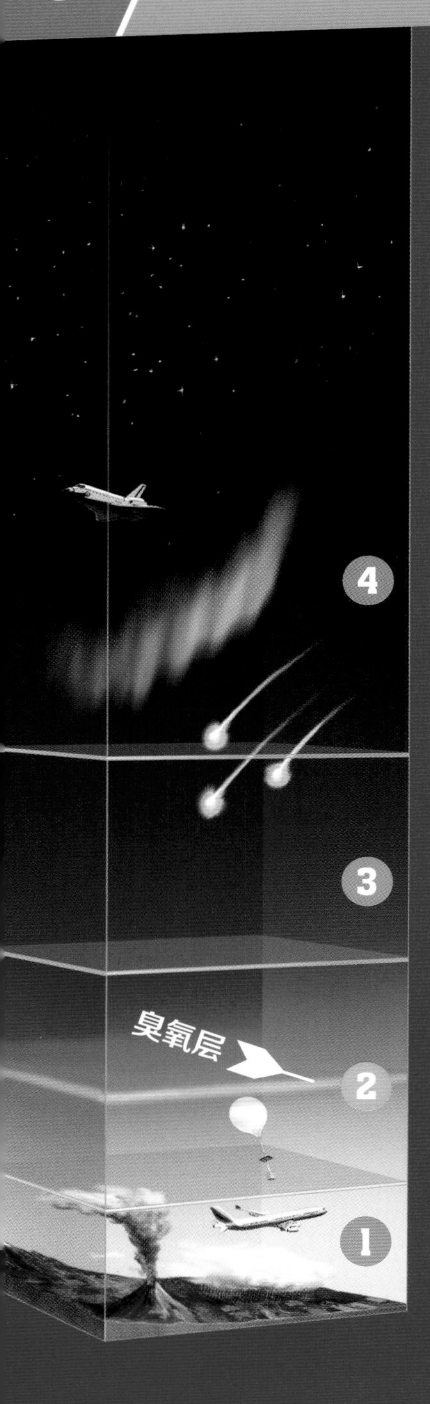

1. 对流层

上界高度在 8～18 千米

2. 平流层

上界高度在 50 千米左右

3. 中间层

上界高度在 85 千米左右

4. 热层

上界高度在 500 千米左右

地球两极地区接受太阳辐射的区域面积较大❶，但由于这两个地区太阳斜射，斜射时太阳光穿过的大气层厚度会更大，因此地面接收到的能量就会更少。赤道地区太阳经常直射，所以该地区接收到的能量更多❷。

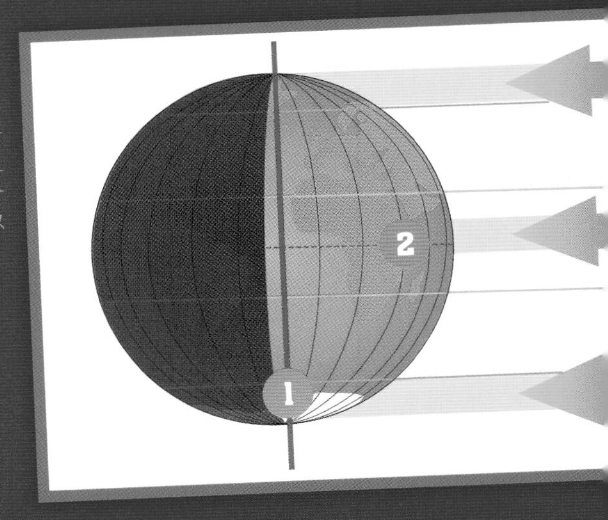

地球大气

地球距离太阳约 1.5 亿千米。地球沿着特定轨道围绕太阳旋转。在这个轨道上，地球正好能从太阳那里获得足够的能量，从而使固态冰、水汽和液态水这三种形态的水能同时存在于地球表面。此外，这一现象还要归功于地球大气。在地球生命诞生和演化的过程中，大气圈起到了举足轻重的作用。

“空气之海”

事实上，我们生活在一片“空气之海”的海底。有人认为，海拔 100 千米的位置是地球大气层与外太空的分界线，也叫卡门线。但这个高度是人为划定的，事实上这种划分不太严谨。大气层和太空之间并没有明确的分界线。随着高度的增加，大气密度越来越低，即使到 400 千米的高空人们仍然能探测到稀薄气体的存在。在大气的摩擦作用下，空间站的高度会逐渐降低，因此空间站需要定期变轨以提升轨道高度。

对流层

对流层是大气层的最底层，层内空气密度最大，对在地球上生活的生物尤为重要。狂风、小雨、雷雨和雪等各种天气现象也都发生在对流层。对流层的上界高度会随地理纬度而变化，变动范围大致在 8 ~ 18 千米。赤道地区的对流层空气的活跃程度远远高于两极地区。

强烈的空气对流运动

对流层中的空气是在不断运动的。太阳辐射使空气升温，空气受热膨胀，由于暖空气比冷空气轻，所以暖空气形成的热气流会做上升运动。赤道地区太阳辐射强度大，地面空气升温快，受热后的空气逐渐上升，升入高空后又再次冷却，接着向赤道两边分流并下沉。类似的空气运动在全球范围内广泛发生，最终形成了几个由气流组成的经向环流圈。

太阳辐射使液态水受热蒸发变成水蒸气，水汽升入高空后遇冷凝结形成云，云又以雨、

流动的空气

赤道地区太阳辐射较强，气流受热升温，因体积膨胀而上升，并在高空向极地方向流动，这样热能就从温暖的赤道输送到了气温较低的地区。在类似的原理作用下，全球最终形成多个经向环流圈。在大气环流和地球自转的共同作用下，形成了行星风系。

在北纬30°附近，高空干燥的气流下沉。该纬度带因气候干燥，沙漠较多。著名的撒哈拉沙漠就在这里。

赤道地区上升气流中的水汽在高空中遇冷凝结，形成强降雨。

雪或冰雹的形式落下。降水是一个重要的气象要素。

气候的形成因素

总而言之，太阳辐射是地球表面热量的主要来源。太阳辐射强度因纬度而异，从而导致全球热量分布不均，但大气层则能在一定程度上调节全球的热量分布。此外，大气层还能防止地球的夜半球表面出现强烈的降温现象。如果没有大气层，全球各地的气温差异将会更加显著。当然，地球气候的形成是多种因素共同作用的结果。这些因素决定了到达地球表面各处的太阳辐射分布及其辐射量，进而影响了全球各地的天气和气候状况。同时，大气的化学组成、云层分布和海陆分布状况也是地球气候形成及变化的关键因素。

大气层由哪些成分构成？

地球大气主要是由气体组成的，其中也悬浮着水滴、尘埃等少量的液态和固态微粒。大气中含量排前两位的气体分别是氮气和氧气，氩气排第三——大气中氩气的含量仅为1%左右。除以上三种气体外，其他气体在大气中的含量极低，其中就包括水汽、二氧化碳、甲烷、一氧化二氮等温室气体。这些气体对全球气候及其演化产生了决定性的影响。

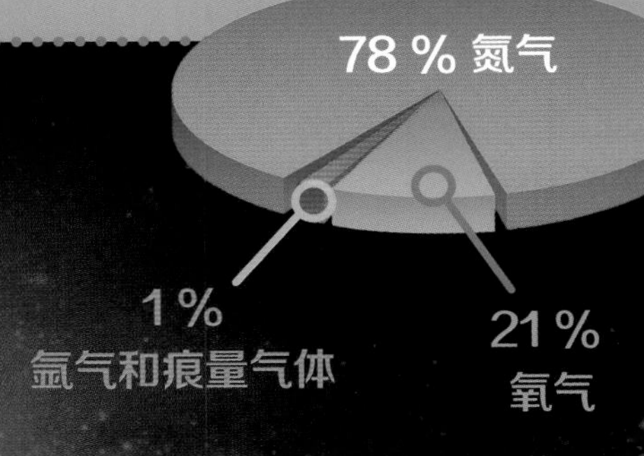

地球的大气层也是为地球抵御陨石和危险宇宙辐射的保护层。

全球气候可以划分成五个主要的气候带，不同气候带之间的温度和降水量差异十分显著。

气候带

寒　带

寒带是分别以南北极为中心、极圈为边界的地带。该地带终年严寒，大部分地区都被冰雪覆盖。仅在夏季时温度有可能会上升到10℃以上。

亚寒带

亚寒带是温带与寒带之间的过渡带，且属于广义温带的范畴。该区域内，绵延分布着广袤的针叶林。

地球上不同纬度地区获得的太阳辐射量不同。赤道附近的地区，正午太阳高度角接近于直角，太阳辐射经过大气的路程较短，这时到达地面和洋面的太阳辐射强度就大。与此相反，南北极地区太阳高度角很小，且太阳光斜射穿过的大气层厚度比较大，大气会吸收更多的热量，到达地面的太阳辐射量就更少。因此，南北极地区的气温与赤道地区相比，要低得多。太阳辐射强度从低纬向高纬递减，使地球气候呈现纬度地带性。

陆地、山脉和海洋

海拔高度指的是某地与海平面的高度差。除纬度位置外，海拔高度对气候的影响也十分显著。同一纬度地区，海拔越高气温越低。通常情况下，在对流层内，海拔每升高 1000 米，气温约下降 6℃。因此即使在赤道附近，高海拔地区也可能会相当寒冷。例如：位于东非的乞力马扎罗山最高峰海拔 5895 米，山顶终年冰峰峭立，白雪皑皑。乞力马扎罗山的气候呈垂直分布，从山脚的热带气候过渡到山顶的寒带气候，人们在登山的过程中可以穿越所有的气候带。

陆地与海洋的位置——海陆分布情况，是决定该地气候类型的又一关键因素。水体能存储大量的热能，夏季海洋会降低海滨地区的气温，冬季则会释放热量，使得海滨地区变得温暖。大陆性气候与温和的海洋性气候形成鲜明的对比，它最显著的特征是冬冷夏热，气温年较差和日较差均较大。远离海洋的高原地区气候更加干燥，冬季更是天寒地冻、滴水成冰。一望无际的蒙古高原就是典型的大陆性气候。

叠岭层峦的山脉

山脉也是气候的缔造者，山脉是气流运行的屏障，对水汽有阻滞作用，进而造成局部地区内降水量的显著差异。如果暖湿气流遭遇高大山脉的阻挡，就会沿着迎风坡上升，并在一定的高度冷却形成云，进而出现降雨。而到达山脉背风坡的气流较少，越过山顶的气流在下沉的过程中温度也会不断升高，因此相较山脉的迎风坡，背风坡天气更为干热。南美洲安第斯山脉两侧气候差异显著，它阻挡了来自东边

登山时你会发现，海拔越高，气温越低，风力越大。林木线以上的地带主要生长着一些低矮的植物。海拔特别高的峰顶区域通常地表裸露，或被冰雪所覆盖。

热　带

热带全年高温，气温变化幅度小；也没有季节变化，只有雨季和旱季之分。在不同的降水量的影响下，该气候带内会形成两种截然不同的陆地景观，即热带雨林和热带稀树草原。

亚热带

夏季炎热，冬季比较温和。除稀树草原外，该气候带内还有沙漠。

温　带

温带在极圈和纬度 40° 之间。该气候带内四季分明，全年都有较多降雨。典型的植被类型是落叶阔叶林、针叶林和针阔叶混交林。

海洋的暖湿气流，使得位于其西侧的阿塔卡马沙漠成了世界上最干燥的沙漠。

影响气候的主要因素

各地所处的纬度位置不同，是世界各地气候类型不同的主要原因。当然，一个地区气候的形成还受到其他一系列因素的影响。这些因素在一定程度上打破了气候带的纬度分布规律，使得气候带不完全沿纬线方向呈带状延伸分布。气候带有时会向南或向北延伸，有时一个气候带内的一些区域可能会出现另一个气候带才有的特征。影响一个地区降水量和湿度的主要因素有海陆位置、地形地势（即高大山脉的水汽阻挡作用）、大气环流和洋流等。

局地气候

局地气候指的是一个小空间或小范围内的气候与周边的大环境气候有差异。大城市市内建筑物密集，高楼林立，平均气温往往比市郊高出几摄氏度。出现这种温度差异的主要原因在于，相比草地和森林，混凝土建筑和柏油路吸收和贮存太阳热能的效果更好。

太阳黑子

太阳活动剧烈时，太阳表面就会出现越来越多的暗黑斑点，这种斑点叫作太阳黑子。太阳黑子的温度比周围低。太阳活动衰弱时，太阳黑子也会减少。

太阳：气候变化的“引擎”

太阳使我们的星球温暖宜人。然而，太阳辐射并不是地球唯一的能量来源，还有一小部分能量来自地核以及月球对地球的潮汐作用，与地球接收到的太阳辐射能相比，地热能和潮汐的能量简直微不足道。因此，我们认为地球表面的大部分能量都来自太阳辐射，太阳是天气和气候变化的“引擎”。

太阳——超强核聚变

太阳内部每时每刻都在发生着剧烈的核聚变反应，所以它能释放出耀眼夺目的光芒。太阳中心的温度高达 1500 万℃，且压力极大。在这种极端条件下，每秒都有无数的氢原子核相互碰撞，聚合形成氦原子核。在核聚变的过程中，每秒都会有超高的能量被释放出来。这些能量从太阳表面向宇宙空间的四面八方辐射，其中的一部分最终会以热辐射的形式到达地球表面。

太阳——天气制造机

太阳辐射使陆地、海洋和大气升温。太阳辐射使地球上的水蒸发，进而推动水循环、大气循环和洋流循环。储存在暖湿气流中的太阳能会以风和降水的形式释放出来。有时，这种能量的释放形式会非常剧烈，如破坏性热带气旋等。太阳是大气运动、水循环和洋流循环的

太阳活动剧烈时，较低纬度地区也可以观察到美丽的极光。

能量来源和基本动力，进而引起地表的天气变化，并影响地球气候的形成和演化。

虽然太阳本身的温度极高，但是我们在遥远的地球上感受到的主要是来自太阳的可见光和温暖的红外辐射。

太阳——易燃易爆炸

值得庆幸的是，我们生活在距离太阳大约 1.5 亿千米远的地球上。太阳表面温度高达 6000℃，如同神话中燃着熊熊烈火的地狱。等离子体构成的炽热的湍流在太阳表面翻涌，并被大量抛射到太空中。此外，太阳还会向宇宙空间喷发强烈的电磁辐射和高能粒子流。如果太阳爆发的方向正对着地球，卫星上的电子仪器就可能会受到干扰，空间站内的宇航员就不能进行舱外活动。

黑斑点点的太阳

太阳辐射强度还会受到太阳活动周期的影响。科学家们可以通过观察到的太阳黑子的数量来确定太阳活动的周期。太阳黑子的温度比太阳表面的其他部分低大约 1000℃。如果太阳表面出现大量的黑色斑点，说明太阳活动正强，会向宇宙辐射更多的能量。

太阳活动对全球变暖的影响

太阳黑子和太阳总辐射的变化周期约为 11 年。在一个太阳活动周期内，太阳总辐射的变化率仅为 0.1%，即太阳总辐射的变化率为千分之一。有些类型的太阳辐射波动幅度可能会更加明显，例如：太阳紫外辐射的波动率在 11 年间可高达 10%。太阳活动周期会对地球的气候产生影响，但是太阳的活跃程度并非影响气候的唯一因素，也不是造成现今全球变暖的最主要原因。

太阳和全球水循环

太阳是自然界各种循环的能量来源，而这些循环与大多数物种的生存息息相关，例如水循环。海水在太阳辐射的作用下升温 1 。海水蒸发形成的水蒸气升入空中，冷却凝结成非常微小的水滴，水滴聚集形成云 2 。云朵飘移到其他地方，形成降雨 3 。一部分雨水渗入地下，一部分雨水汇聚形成河流、湖泊 4 ，一段时间后最终回归海洋。如此循环往复，周而复始，就形成了全球水循环。全球水循环能够输送太阳热能，在一定程度上可以改善不同纬度间热量不平衡的状况，此外还能对水和空气起到净化作用。海洋是地球上最大的储水库。通过水汽冷凝和降水，太阳将内陆地区和海洋连接在了一起。

自然温室效应

地球大气的主要成分除了氮气和氧气外，还包括二氧化碳等痕量气体。目前，地球表面的平均温度保持在 15℃左右。若大气层中没有那些温室气体，全球平均温度将降至 −18℃。常见的温室气体有水汽、二氧化碳、臭氧、一氧化二氮和甲烷等。温室气体对全球热量平衡和世界气候变化有着至关重要的作用。

大气的保温效应

太阳辐射是地球表面热量的最主要来源。太阳辐射的能量前往地球，其中一部分能量被大气层反射回宇宙空间，剩下的到达地球表面使地球表面升温。升温后的地面又会放射出红外线。红外线辐射又称红外辐射，是一种热辐射。虽然人眼看不见红外线辐射，但是我们的皮肤却能感受到。如果温室气体不存在，大部分热辐射会随着大气散逸到太空中，地球表面就会损失许多热量。

你知道吗?

如果地球大气层中没有温室气体，地球表面的平均温度会比现在低大约 33℃。

❶ 太阳辐射到达地球大气层。
❷ 部分太阳辐射被反射回宇宙空间。
❸ 剩下的太阳辐射在到达地球表面后被吸收，江河湖海和陆地的温度上升。
❹ 地表以红外线的形式向外辐射热量。
❺ 温室气体吸收部分红外线辐射，同时向外辐射热量。

“小气体”有大影响

虽然大气中仅含有少量的温室气体——水汽、二氧化碳、甲烷和一氧化二氮，但它们却会吸收和释放红外线辐射。这一过程会在大气层中循环往复、持续不断地发生。温室气体阻挡了一部分地面射向宇宙的红外线辐射，从而补偿了地面辐射损失的热量，对大气层下层起到了保温作用，使近地面的温度变化比较缓和。

寒冷的星夜

你留意过吗？水汽和云也可以有效减少地面辐射导致的热量损失。在繁星满天的冬夜，大气中水分含量较低，云层稀薄，地表的热能损失就会比较大。在这样的夜晚，我们会感觉格外寒冷。因此，水汽也是一种温室气体。

地球的“姊妹星”——金星

金星地壳的化学构成和地球相似，体积也和地球最为接近，因此人们将其视为地球的“姊妹星”。然而金星距离太阳更近，且整个星球被浓厚的云层包裹。金星地表的大气压强极高，表面温度约为480℃。如果地球在金星的公转轨道上绕日运转的话，全球平均气温将上升约30℃，地面水的蒸发量会大幅增加。由于水汽是一种温室气体，因而大气层中水汽含量的上升也会导致地球表面温度进一步升高；温度升高后，又会有更多的水变成水蒸气。在这样的恶性循环下，地球上的液态水最终会彻底消失。更糟糕的是，自然界依赖的两大重要循环——水循环和碳循环，也将不复存在，二氧化碳就会在大气层中不断积聚。人们称此现象为“失控的温室效应”。

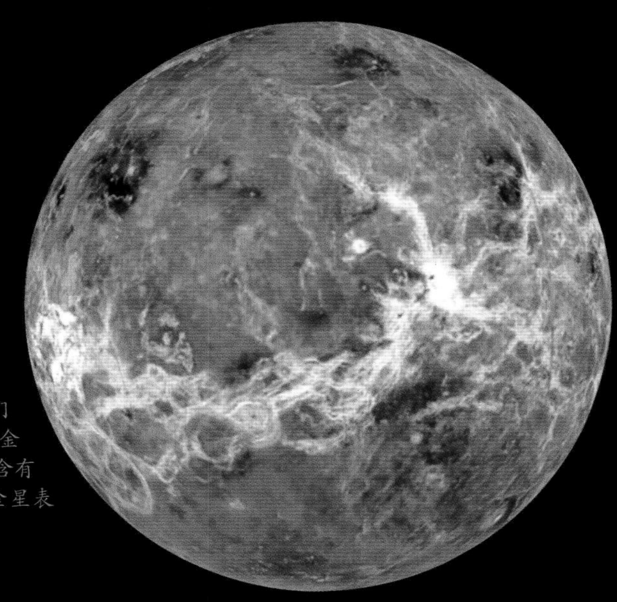

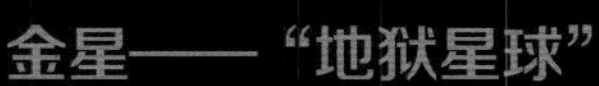

金星——“地狱星球”

在探测器的帮助下，我们可以透过厚厚的大气层观测到金星炽热的表面。金星的大气层含有大量的二氧化碳，可以阻挡金星表面的热量向宇宙空间逸散。

“温室气体”这个名称来自“温室”这种园林设施，园丁常用其培植喜温植物。温室的墙体和屋顶大多由玻璃制成，可以阻挡室内的暖空气外溢。曾经人们误以为大气保温机制与玻璃温室保温机制相同，所以称其为“温室效应”。但后来科学家证实大气的保温机制主要是大气可以阻截或吸收长波辐射，而温室的保温机制主要是阻止了空气在室内外的热交换。两者原理显然不同，所以将大气层的保温作用改称为“大气保温效应”，但“温室气体”“温室效应”的概念已在过去数年中达到了相当高的普及程度，所以“温室气体”“温室效应”也作为“大气保温气体”“大气保温效应”的俗称在继续使用中。

碳循环

地球上的水在全球范围内不断循环，并深刻影响着天气和气候变化：水蒸发变成水蒸气，水蒸气凝结聚集形成云，云带来降雨。落到地面的雨水流进小溪和河流，最终汇入大海——一切周而复始，循环往复。水在自然界碳循环中起到了重要作用，碳循环可以使全球气候基本保持稳定。

风化作用

火山喷发后，大量气态的二氧化碳进入大气层，部分二氧化碳溶解在雨滴中生成碳酸。碳酸可以溶解土壤中的石头和山中的岩块，使其风化。溶解过程中产生的含碳粒子会被溪流和江河输送到海洋中。其中一部分含碳粒子被一些小型的单细胞生物吸收到钙质壳中。这些单细胞生物体死后，外壳沉入海底，形成数千米厚的固态沉积层。这些沉积层中的碳元素在相当长一段时间内都被贮存在海床中，不会进入大气层。人们把这种降低二氧化碳在大气中浓度的过程或机制称作“碳汇”。

火山活动

地球是一颗火山活动十分活跃的星球。地幔中黏稠、炙热的岩浆持续不断地上涌，从而推动漂浮在其上的地壳板块缓慢运动。有时暗红的岩浆从海洋地壳的薄弱或裂缝处喷涌而出，凝固后形成新的海床（即新的大洋地壳），使海底不断更新和扩张。有时扩张中的海床会俯冲到大陆地壳板块之下的地幔中。由于地幔温度很高，富含碳元素的海底沉积层会在那里逐渐熔化。火山剧烈喷发时，高温气态二氧化碳和岩浆在滚滚黑烟的裹挟下喷出地表。如此，二氧化碳重新进入大气层，并再次加入全球碳循环。

碳循环的自我调节机制

二氧化碳等温室气体的增加会导致气候变暖，进而造成水的蒸发量上升，雨水变多。大量的降水又会加剧岩石的风化，使更多的碳元素进入海底沉积层，从而降低大气中二氧化碳的含量。通过这种方式，大气层中二氧化碳的含量以及全球平均气温得以维持稳定。碳循环的这一自我调节机制对地球气候具有积极的影响和意义。虽然碳循环能对全球气温起到一定的调控作用，但由于地幔和地壳之间的二氧化碳交换非常缓慢，所以它无法抑制短时间内急剧发生的气候变化。

1991 年，位于菲律宾吕宋岛的皮纳图博火山发生大喷发，向高空喷射出大量的火山灰和二氧化硫，其中不少甚至穿过对流层进入了平流层。这是二十世纪发生在陆地上的最大的火山喷发活动之一。

海底火山喷发时，会将海底沉积层中贮存的碳元素以气态二氧化碳的形式释放到大气层中，并通过此种方式参与全球碳循环。

火山喷发向大气层中输送二氧化碳气体。溶解于雨水中的二氧化碳使岩石风化。碳元素被河流输送到海洋中，并在数百万年的时间里逐渐形成固态沉积物。最终，沉积物所含的碳元素又通过火山喷发以气态二氧化碳的形式释放到大气中。

无夏之年

1815 年 4 月，位于印度尼西亚松巴哇岛的坦博拉火山突然爆发，向大气层喷射了大量的火山灰、岩浆和其他物质。这场超大规模的火山爆发甚至导致地球另一端的气候也发生了较大变化。火山喷发后的第二年，也就是 1816 年，被人们称作“无夏之年”。这一年北美洲以及欧洲的个别国家在 6 月和 7 月一度出现了霜冻和降雪天气。随之而来的是粮食歉收、饥荒和经济危机。

地壳中的石灰岩被含有二氧化碳的流水所腐蚀、溶解，并逐渐形成天然洞穴，如喀斯特溶洞。此类溶洞通常位于地下。有些溶洞中甚至有地下水，吸引潜水爱好者前来探索。

火山对天气的影响

火山活动可以引起大气状况的短期变化，例如：1991 年菲律宾皮纳图博火山爆发，喷出的火山灰和二氧化硫气体与大气中的水汽结合，形成硫酸雾。这些硫酸雾在平流层中悬浮停留了两年多，并深刻影响了全球天气状况。此类悬浮颗粒物把部分太阳辐射反射回宇宙空间，导致全球平均气温在一到两年内降低了 0.5℃左右。伴随着降水，大气中的硫元素又回到了陆地和海洋中。和皮纳图博火山爆发一样，过去数千年中的火山喷发都会在短时间内引起天气变化。在地球早期历史中，超大规模的火山喷发事件时有发生，并造成较长时间的全球降温，进而导致气候发生剧烈变化。这样大规模的火山喷发，可能是导致地球历史上某次生物大灭绝的“元凶”。

地球如何降温？

冰雪圈对地球气候具有决定性的影响。以冻结状态存在于地球表层的水分都属于冰雪圈的范畴，冰川、积雪、浮冰和冻土等都是冰雪圈的主要构成要素。永久冻土指温度持续两年以上低于 0℃的土层。

格陵兰岛和位于北极圈内的北美洲部分区域覆盖着广阔的冰川。世界上面积最大的冰川位于南极洲，南极洲 98% 的区域都覆盖着厚厚的冰层。此外，北冰洋和南极洲附近的洋面上也漂浮着面积辽阔的海冰。

反照率

物体表面颜色越浅，它吸收的太阳辐射能就越少，反射的辐射能就越多。一个物体表面反射的总辐射能量与入射的总辐射能量的百分比，就是该物体表面的反照率。冰雪的反照率较高。也就是说，冰雪反射太阳辐射的效果较好。冰面和雪面的太阳反照率可高达 90%，仅有 10% 的太阳辐射会被冰雪吸收，大部分太阳辐射都会被反射回去。

深色表面温度更高

冰雪消融后，曾被冰雪覆盖的土壤、岩石等就露了出来。相较上文提到的冰面和雪面，土、岩石的颜色较深，能吸收更多的太阳热能并将其储存起来。土和岩石吸收热量后，温度升高，又会加快冰雪的融化速度。这一过程循环往复并持续强化，使得北极地区的温度在过去几年中急剧上升。相反，如果气温骤降，新的冰面形成，就能反射更多的太阳辐射并加速

你知道吗？

自 2010 年以来，欧洲科研卫星冷卫星 2 号一直在监测地球冰层的变化。除冰层面积外，该卫星还会利用两个测冰雷达测量冰层的厚度。科学家分析了冷卫星 2 号收集的数据后，了解到北极的海冰总体积正在急剧减小。

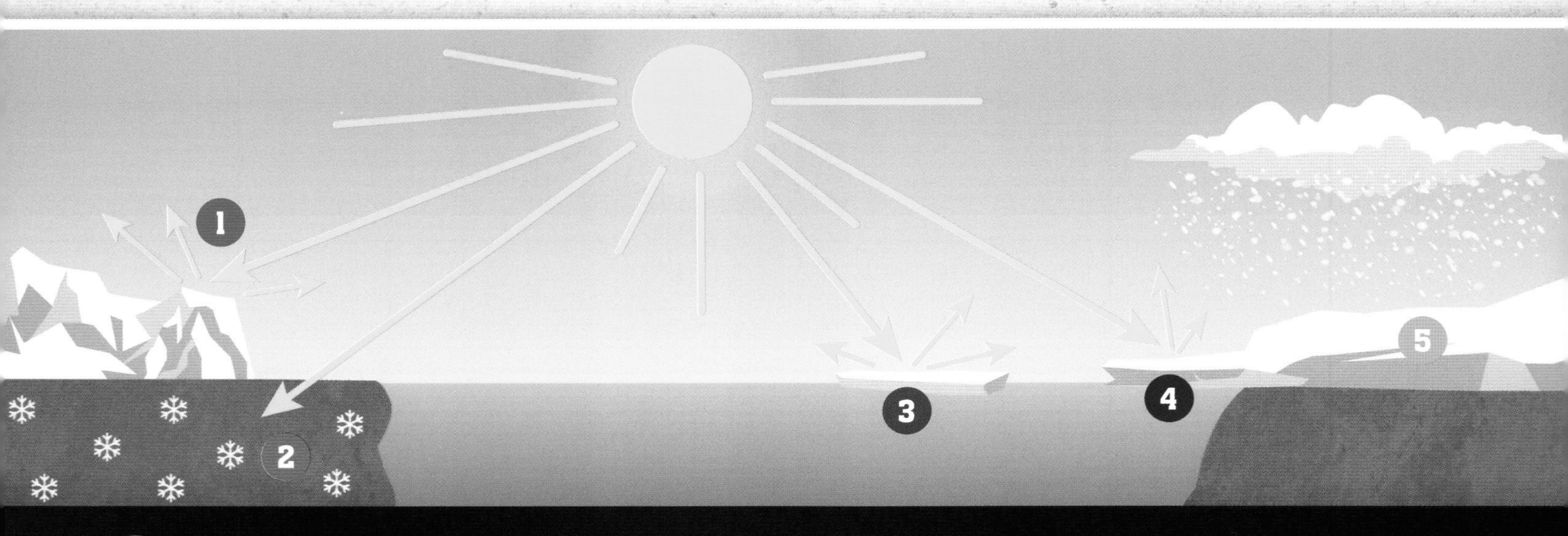

1. 冰面和雪面反射太阳辐射的效果特别好。
2. 永久冻土会吸收大部分的太阳辐射，并因此升温。
3. 未结冰的水面颜色更深。与水面相比，海冰能反射更多的太阳辐射。
4. 冰架指的是漂浮在海上且与大陆冰川相连的冰体。
5. 陆地上的冰雪不断累积并在自身重力作用下逐渐压缩和凝固，慢慢形成了大陆冰川。

降温。这一反向过程则可能会导致地球进入冰期——在近 250 万年内，类似的情况已经发生过很多次。

水汽和甲烷

上文提到的这些不断重复和强化的过程可以改变大气中二氧化碳的浓度。如果全球平均气温升高，大气中的水汽含量也会随之增加，因为暖空气能比冷空气容纳更多的水汽。永久冻土在融化的过程中也会不断释放出二氧化碳和甲烷等温室气体。温室气体的增多会导致全球变暖进一步加剧，进而加快永久冻土的解冻速度——这又是一个恶性循环的过程。冰层融化速度加快，温室气体含量不断上升，是目前全球气候变化的两个决定性因素。

云和气候

相比冰面和雪面，云对气候的影响作用并不十分明显。云可以反射和散射太阳辐射，从而减少到达地球表面的太阳辐射。从这个角度来说，云具有降温作用。然而云也会吸收地球表面散发的热辐射，并将其逆辐射回地面。这会增强大气层的温室效应，因此云也能对地球起到保温的作用。

起降温作用的反照率效应和起保温作用的温室效应——究竟哪种效应会占据主导地位？这取决于云的类型及其所处的高度。高云主要由冰晶组成，通常非常薄，对太阳辐射的削弱作用较小，对地表主要起保温作用。相反，高度较低且较厚的云层会将大部分太阳辐射直接反射回太空，因此对地表主要起降温作用。计算机的模拟结果显示，在目前的环境状况下，云对地球气候主要起降温作用。

知识加油站

- 地球表面冰量越多，降温越快，降温后又会有更多的液态水冻结成冰。
- 地球表面冰量越少，气温上升速度就越快，升温后又会有更多的冰融化成水。
- 这种降温或升温过程循环往复并不断增强，气候学家称此现象为“冰反照率的正反馈机制”。

北极的冰

由于地球气候变暖，冰川消退，地球表面反射回宇宙的太阳辐射能也随之减少❶。陆面和洋面裸露出来，会吸收更多的太阳辐射能。全球变暖因此加剧，进而导致冰层的融化速度进一步加快❷。

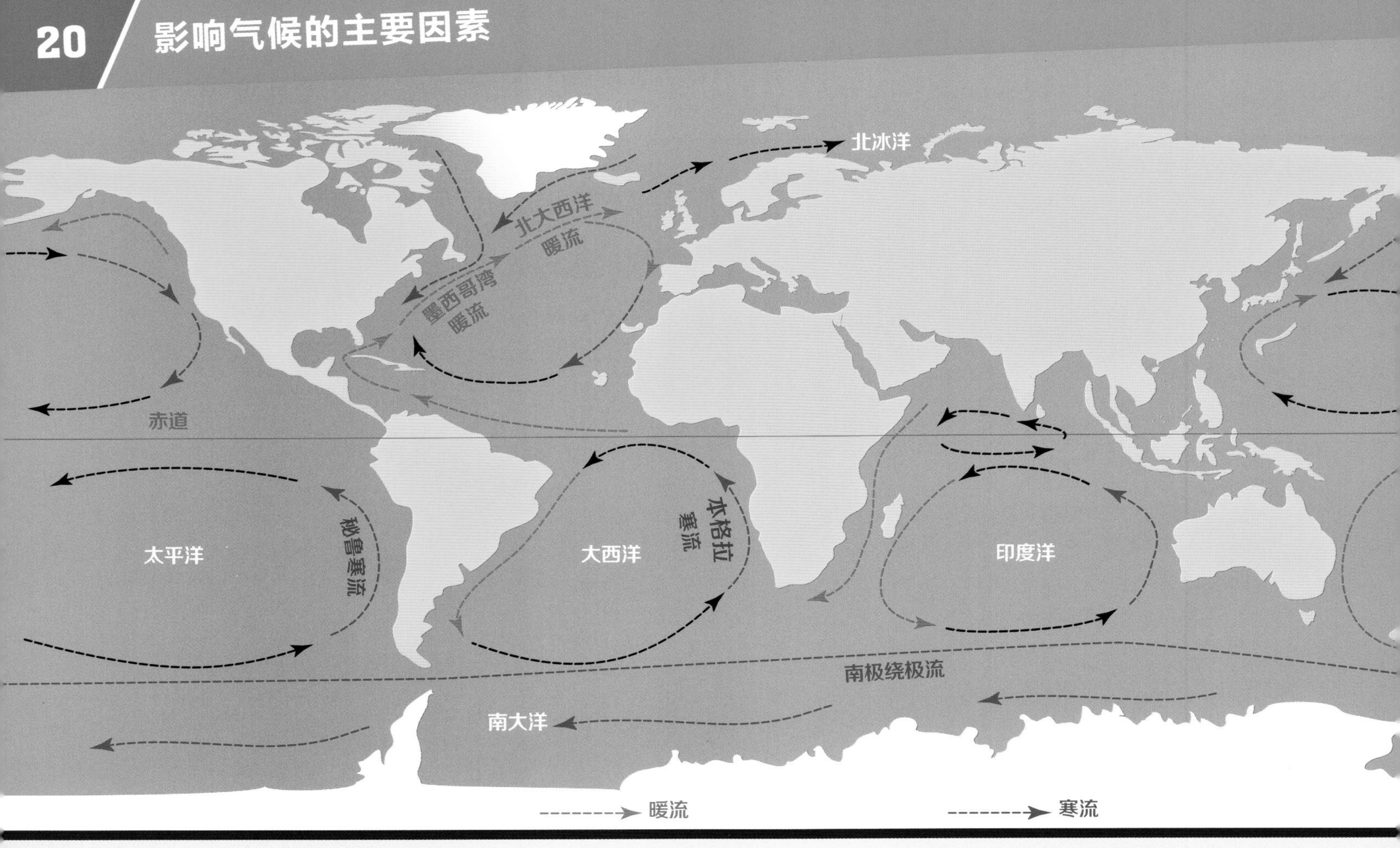

大洋环流纵横环绕着整个地球。这一环流体系既包括大洋表层的暖流和寒流，也包括发生在大洋深处的深层环流。大洋环流是维持地球热量平衡的重要因素。

运动中的海洋

浩瀚海洋不是死水一潭，全世界的大洋彼此相连，海水无时无刻不在流动。洋流跟滔滔不绝的江河、四通八达的高速公路一样，环绕着整个地球。人们将巨大的海水运动循环系统称为大洋环流。大规模的海水运动可以促进地球上不同地区之间氧气、营养物质和热量的输送和交换——洋流不断输送着大量的能量，使海洋充满了活力。洋流环绕着各大洲流动，并通过这种方式将全世界联系在了一起。因此，大洋环流可以在一定程度上减小全球温差，并深刻影响陆地气候状况。

洋流运动的动力

拂过海洋表面的风、海水盐度差和温度差是形成洋流的主要因素。盐度高的冷水比盐度低的温水密度大。海洋表层水结成的冰块并不含盐分，因为在水结成冰的过程中，盐分会结晶析出，从而使邻近水层的盐度增大。因此，一旦海冰形成，海冰层下未结冰海水的盐度会特别高，且密度和重量也尤其大。在这种情况下，密度大的表层海水会做下沉运动，然后化作深海洋流流到气候温暖的地区，并在那儿重新上涌。如此，表层水和深层水之间就完成了一次循环。

苏格兰的棕榈树

墨西哥湾暖流对欧洲大陆能起到保暖增湿的作用。没有墨西哥湾暖流，苏格兰的气候会变得酷寒难耐，棕榈树在苏格兰西部也就无法生长。

极地海域冰层下的海水盐度特别高，因此海水密度较大，会形成向底层下沉的下降流。

墨西哥湾暖流

对于欧洲来说，最重要的洋流可能是墨西哥湾暖流。它起源于温暖的加勒比海，首先沿北美洲东海岸北上，继而在北纬 40° 到 60° 之间受盛行西风的影响而向东流，进入欧洲海域，成为北大西洋暖流。

暖流在流动过程中，会有大量的水分不断蒸发，因此表层海水的盐度会逐渐上升，温度则会慢慢下降。海水盐度上升，温度下降后，密度和重量会随之增加，因此北大西洋暖流到达格陵兰岛和北欧之间的海域后会向海底下沉，形成下降流——大量的海水飞流直下，我们可以将其想象成一个巨大的海底瀑布。一方面，暖流在此处冷却，下沉，并向南返程流动；另一方面，墨西哥湾暖流和北大西洋暖流又源源不断地涌来——首尾相接，不断循环，全球的大洋环流就是在类似的原理下形成的。

墨西哥湾暖流将低纬度地区的温暖海水输送到中纬度海域，并向大气释放热量，对流经区域气候的影响十分显著。如果墨西哥湾暖流消失，北半球的平均气温将降低 1 ~ 2℃，北大西洋北部的气温甚至会降低 8℃左右，欧洲西部冬季的气候也不会像现在这般温和。

冰冷的环状洋流

南极绕极流是世界上最为强劲的洋流：这一洋流环绕着整个南极大陆。强大的盛行西风产生的西风漂流以及地球自西向东自转产生的自转流促成了南极绕极流的形成。南极绕极流输送的水量远远超过世界上所有河流流量的总和！

此环状洋流对地球气候的影响也很深远。南极绕极流把从北大西洋向南流动的深层水重新抬至大洋表层。该现象的发生主要有两个原因：一方面，该地区的盛行西风将海洋的表层水吹走；另一方面，正在融化的浮冰会逐渐漂离海岸，浮冰融化成淡水，会降低表层海水的盐度和密度。密度降低的海水浮力产生变化，推动海洋深处的低温水向大洋表层上涌。南极绕极流是推动全球大洋环流的一个强大引擎，对于全球海水再分配也起着至关重要的作用。

公海上的小黄鸭

你知道吗？浴缸玩具小黄鸭曾为洋流路径研究提供了帮助，为全球海洋科学发展作出了贡献——然而，这些橡皮玩具并不是人为有意投放的，而是意外流落至海洋的。1992 年，一艘货船在北太平洋海域遭遇了一场风暴，几个装着沐浴玩具的集装箱不幸落入海中。自此，约 29000 个橡皮玩具开启了一场伟大的海上漂流！其中一些在阿拉斯加、澳大利亚、印度尼西亚和智利的海岸登陆，还有一些进入了北冰洋海域，绕过格陵兰岛后又到达大西洋，在大西洋漂流一段时间后，最终在美国西海岸和欧洲登陆。海洋学家根据小黄鸭的环球之旅重绘了洋流路径图。

你知道吗？

全球变暖也深刻影响着洋流运动。极地冰层融化，大量淡水注入海洋中，导致极地周围水域含盐量降低，这会改变洋流的流速和流向。

气候研究

地球的气候系统非常复杂。气候系统是在大气、海洋、陆地和地球生物等多个要素的相互影响、相互作用下形成的。

冰芯是地球的“天然气候档案”，可以帮助科研人员们分析和复原地球过去的气候。学者们对地球大冰期气候的研究成果颇丰，这有助于人们了解和认识完整的气候演化过程。古气候学是气候学的一个分支，主要研究各个地质时期地球气候的形成、分布特征和变迁。现在，科研人员通过计算机程序收集到的历史气候数据和当前气候数据越来越准确。超级计算机构建的气候模型的精度也在日渐提高，使我们得以窥见未来气候的冰山一角。

气象观测记录

古时候人们就已经有了一些零散而粗略的气象观测记录。然而直到人们发明了气压计和温度计后，准确、可靠的气象观测才真正得以实现。那时人们观测和记录的主要是小范围、地方性的天气情况及变化，而且记录大多不完整，不具有连贯性。要想清楚地掌握全球气候变化，仅凭个别气象观测站记录的气象数据是远远不够的。1851 年，英国气象局哈德利中心在对全球气象数据进行综合分析后，首次得出了全球气候分布状况。今天气象观测网密布全球，多颗气象卫星绕地飞行，人们有了更精准的气象观测记录。借助科学的研究方法，在对这些更精准的记录数据进行深度分析后，我们可以测算出全球平均气温等实时气候数据。

“天然气候档案”

很久以前，世界上还没有博物学家、气象学家，自然也就没有气象观测记录留存下来。为了弄清更早时期的气候状况，科学家们就得

在格陵兰岛钻取的最长的冰芯长 3000 多米。这根冰芯承载着过去 10 万年地球气候变化留下的“史料”。

作为“无字史书”，冰芯是珍贵的历史气候资料库，通常被人们存放在冷冻库中。

冰 芯

你知道吗？

在南极沃斯托克湖钻取的冰芯长达 3600 米，里面存储着过去 42 万年的气候数据。另一根同样取自南极的冰芯虽然长度更短，却记录着地球过去 90 万年的气候信息。

冰雪挤压形成冰层，冰层逐年累积，最终形成南极冰架。南极冰架中记录着宝贵的气候环境信息。

知识加油站

- 冰层中也保存着一些气泡。在测定气泡中空气的成分后，我们就能清楚地知道某一历史时期大气的化学组成。气泡中微量的尘埃和含硫化合物也可以提供火山喷发等自然事件的相关信息，这些事件都有可能对地球气候产生影响。
- 比起大型哺乳动物，小型哺乳动物对气候波动更加敏感，因此小型哺乳动物的化石更适合用来深入、细致地探究历史上的气候事件。

蜂花粉是蜜蜂采蜜时带回的花粉团，在蜂巢内经过储藏和发酵后的产物。蜂花粉常出现在土壤沉积物中。通过显微镜观察，人们可以确定其所属的植物种类，进而推测出当时的气候条件。

考古发现的骨骼遗骸也能为我们提供一些历史气候相关的信息，例如：猛犸象主要生活在较寒冷的冰期，森林象则主要生活在较温暖的间冰期。

求助于自然界里的“天然气候档案”。湖底或海底的沉积物、溶洞中逐层增长的钟乳石、树木的年轮等都是常见的“天然气候档案”。当然，最重要的“天然气候档案” 是在冰川中钻取的冰芯。冰芯是“无字史书”，记录着气温、降水等多种历史气候数据。

冰　芯

格陵兰岛和南极地区由于气温低，积雪不易融化，这些积雪在重力的作用下挤压形成冰层；年复一年，积雪逐层累积，最终就形成了广袤的大陆冰盖。因此我们可以想办法弄清楚，冰层里的冰是哪一年的降雪形成的。人们借助价值不菲的钻探设备，可以钻取 3000 多米长的冰芯。冰层所处的位置越深，它的形成时间就越早。

气候学家以毫米级精度分析和研究冰芯，并确定不同冰层的形成年份。他们对构成冰的水分子尤其感兴趣。水分子由氢和氧组成，氧有三种天然存在的同位素：氧 –16、氧 –17、氧 –18，含氧 –18 的水分子不易蒸发，只有在温度较高时含氧 –18 的水分子蒸发才会增多。所以温度越高，水蒸气中氧 –18 含量越高，变成雨雪降落下来的氧 –18 含量也越高。冰层中氧 –18 的含量也遵循类似的变化规律。科研人员可以据此计算出某一地质时期的平均气温，并确定历史上哪些时段地球正处于冰期。

树木年轮分析

每年树木的树干内都会长出一圈新的同心环纹，这就是年轮，它通常由浅色的早材和深色的晚材组成。同一个年轮的颜色由内到外逐渐变深，中间没有明显的界线。但不同年轮之间，前一年深色的晚材和次年浅色的早材之间的界线却十分明显。气温、水分等生长条件较好的年份，年轮较宽；气候寒冷且干燥的年份，年轮则较窄。极端干旱等灾害会导致树干内长出极窄极细的年轮。

树木年轮

观察年轮的宽度，我们可以了解不同年份的气温、降水等气候状况。

万物伊始——原始地球和原始气候

年轻的地球最初频繁受到陨石的强烈撞击。撞击地球的陨石数量减少后，地球才逐渐形成坚固的地壳。

整个地质时期，地球气候经历了漫长的演化过程。不断变化的气候环境给地球生物的生存带来了巨大的挑战。随着地球气候的变迁，物种的进化速度加快了——为了能够生存下去，生物必须尽快适应不断变化的气候环境。从某种意义上说，气候变化推动了地球生物多样性的形成。当然，生物多样性产生的先决条件是要有一个温度适宜、可供生物栖息的星球。

地球诞生记

46 亿年前，一片巨大的由气体和尘埃构成的星云发生坍缩——这片星云是一颗恒星燃烧和爆炸后留下的残骸。在引力作用下，星云内的物质持续收缩并凝聚在一起，最终形成了太阳和各大行星。地球诞生之初，频繁遭受陨石的强烈撞击。陨石高速碰撞产生大量的热能，使成长中的地球不断升温，最终变成炙热的熔融状态。由于此时地球的温度太高，地球表面的液态水被蒸发，原始大气也逃逸殆尽。

原始大气

经过漫长的时间，随着地球不断地演化，撞击地球的陨石数量终于减少了。在大约 40 亿年前，地壳逐渐冷却下来，海洋和原始大气才得以形成。原始大气的主要成分有氮气、二氧化碳和水汽等。告诉你一个冷门小知识：火山爆发时，火山内部喷出的气体成分和原始大气相同。原始大气中几乎没有氧气。对于人类以及如

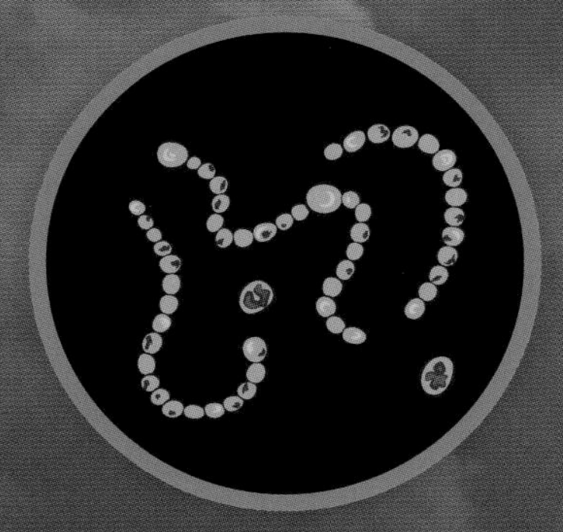

原始海洋中生活着一种名叫蓝细菌的生物，它们通过光合作用制造氧气，将地球大气从无氧环境逐渐改造成了有氧环境，为全新的高等生命的出现奠定了基础。

你知道吗？

古气候学是研究地质时期气候变化及其成因的学科。借助冰芯等“天然气候档案”，科学家们试图复原地球的气候历史。

今在地球上生息繁衍的大部分生物来说，原始大气绝对是致命的。

原始气候

远古时期地球的气候状况，我们仍然知之甚少，因为那时的岩石大部分早已彻底风化，或已重归地幔并被地幔的高热逐渐熔化了。尽管如此，仍有少量的远古岩石留存至今。

大约 38 亿年前，液态水就以海洋的形式存在于地球上了。地表温度下降后，原始大气中的水汽冷却并凝结成雨滴，于是倾盆大雨从天而降，绵延不绝，并持续了很长时间。降水落到地球表面低凹的地方，就形成了原始海洋。地球上最初的生命就诞生在原始海洋中，它们和今天的细菌有着相似的形态结构。和原始海洋相反，原始大陆则完全不适合生物生存——那时的大气中缺少氧气，高空中没有可以阻挡紫外线辐射的臭氧层。后来，原始大气中的二氧化碳逐渐溶解在海洋中，并在海底固化形成钙质沉积层。至此，地球大气中二氧化碳的含量已大幅减少，地表温度才终于彻底降低。

孱弱的太阳

科学家在研究地球远古时期的气候时，遇到了一个难题。40 亿年前，太阳还十分年幼，其辐射强度比今天要弱大约 30%。如果今天地球接受的是如此孱弱的太阳的光照，那么地球上的气温将远低于冰点，地表上所有的水分也会凝结成冰。然而，这与地质学家找到的物质证据所显示的情况相矛盾。如果远古时期的太阳辐射强度比较微弱，那么液态水又是如何长期存在于地球表面的呢? 答案可能是云。远古时期，地球表面几乎没有云层覆盖，因此太阳辐射能毫无阻碍地到达地球。此外，那时陆地面积可能比今天小得多，海洋则分布广泛，因此地球能吸收更多的太阳辐射。在这种情况下，虽然当时年幼的太阳还比较孱弱，但我们星球上的水却能长期以液体形态存在于地表。

上图展示的是澳大利亚哈梅林湾中的叠层石。35 亿年前，这种岩石就已经在地球上出现了。蓝细菌的生命活动引起矿物沉淀和胶结，最终形成了叠层石。

太阳，加油!

太阳主要由氢和氦组成。在其诞生之初，太阳中的氢元素含量远高于今天。由于太阳的内部在不断发生剧烈的核聚变反应——氢聚变为氦，并释放出巨大的能量，因而太阳中氦元素的含量在持续上升。在太阳的演化过程中，氢元素比例下降，氦元素比例上升，使得太阳核心的压力和温度也逐渐升高，释放出的能量也随之增强。

大氧化事件

20 多亿年前，地球大气层的化学成分发生了一个根本性的变化——地表氧浓度突然增加。虽然增加的原因尚不完全清晰，但已确定与蓝细菌的光合作用有关。氧气作为光合作用的产物被蓝细菌释放到大气中。大气中氧含量的剧增，使生命向更高阶形式进化成为可能——高级生命通过有氧化学反应，为机体提供生命活动所需的能量。

冰 期

地球生物的演化过程缓慢而又漫长：地球诞生之初的35亿年中，仅有一些结构简单的单细胞生物生活在原始海洋中。在复杂的多细胞生命体形成之前，地球至少出现了两次极端降温事件，使整个地球几乎都被冰雪所覆盖。

雪球地球

大约7.3亿年前，地球开始剧烈降温。冰层从两极蔓延开来，一直推进到热带地区。一些学者推测，那时地球表面的陆地和海洋几乎全部被冰封，他们称此全球冰冻现象为“雪球地球”。至于海洋是否真如科学家猜测的那样，从海面到海底都完全结冰，目前仍然没有定论。那时应该是只有热带地区的无冰区、火山周围以及深海地热口附近，仍幸存着一些生物。

千里冰封

目前这次大冰期发生的真正原因尚不明朗。学者推测可能是因为全球碳循环受到了严重干扰。急剧的强降温可能和当时的泛大陆（又称原始大陆）开始分裂解体有关。因泛大陆面积太过广阔，内陆地区荒漠广布。当泛大陆逐步解体时，一些原本干燥的地区终于迎来了降水。降水增多，岩石的化学风化过程就会加剧，消耗的二氧化碳量也随之增加，大气中二氧化碳这种温室气体的含量自然就降低了。温室效应减弱后，地球表面的冰雪覆盖率提高，冰雪更高的反照率将更多太阳辐射反射回太空，这又加速了地球的降温。如此，冰层从高纬度地区持续向低纬度地区推进。计算机模拟结果显示，一旦南北半球的冰盖分别到达30°纬度线时，整个地球就几乎完全冻结了。此刻开始，地球表面覆盖的浅色冰层会将大量的太阳辐射反射回太空，我们的星球几乎没有任何机会摆脱此恶性循环。

地球大解冻

最终，全球碳循环将地球从冰封状态中解救了出来。雪球地球时期，位于冰层之下的岩石，几乎都不会再发生化学风化，而火山活动仍在继续。持续的火山爆发使越来越多的二氧化碳被释放到大气层中。温室效应增强，气候变暖，冰层开始融化。大约6亿年前，地球挺过了艰难的大冰冻时期，温度开始迅速回升——气温甚至一度飙升至50℃！地球表面的风化作用重新开始，消耗了大气中的部分二氧化碳，使地球再次降温，但大部分时候地球气候仍比今天暖和。

物种进化与气候

雪球地球时期结束后，物种开始加速进化，并出现了现代生物的祖先，例如海绵、节肢动物、软体动物和脊椎动物等。然而，此后至少发生了五次物种大灭绝事件，数不胜数的生物遭受了灭顶之灾。虽然导致生物灭绝的原因还未彻底查明，但不少科学家认为，气候变化是引起这些大灾难的主要原因。

你知道吗？

如果两极地区至少有一个被彻底冻结，我们就说地球进入了大冰期。另一种定义则认为，南北半球上必须有大面积的冰川正在形成，地球才算处于大冰期。

海底“黑烟囱”

雪球地球时期，如图所示的海底热液（又称海底热泉）附近是藏于深海的一片“生命的绿洲”。那时海底热液口周围只生存着一些单细胞生物，而今细菌、管状蠕虫、贝类等在此构成了特殊的热液生物群落。

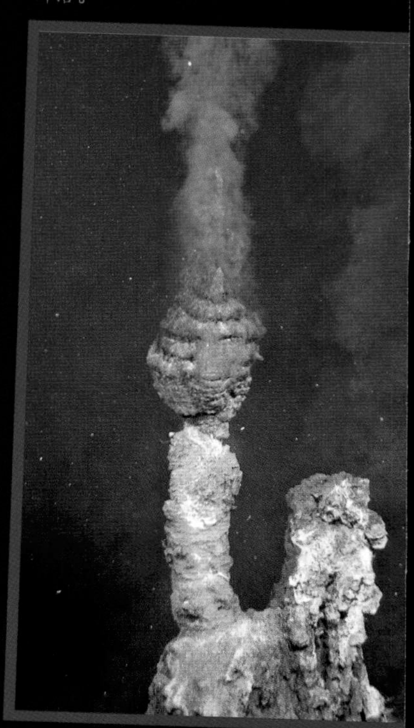

雪球地球

地球表面冰层分布越广，被反射回太空的太阳辐射就越多，气温下降的幅度也就越大，最终导致整个星球都被冰雪覆盖，变成了一个大雪球。

漂砾和坠石是识别冰川活动的标志。它们的分布情况也在一定程度上佐证了一个猜测：所有大陆都曾被冰层所覆盖。

坠石多发现于海洋沉积物中，它们是雪球地球曾经出现的证据之一。冰山融化时，冰山中的石块碎屑坠入海底，经过漫长而复杂的变化过程，被逐渐纳入海洋沉积物中。

石炭纪——造煤时代

石炭纪约开始于 3.59 亿年前，结束于 2.99 亿年前，它对处于工业时代的人类来说意义尤为重大。石炭纪的大陆分布情况和今天迥然不同。那时的地球大陆基本上是一个不规则的整体：一部分位于南极，覆盖着厚厚的大陆冰川；另一部分则在赤道上，气候温暖，滨海地区植物茂密繁盛，形成了广阔的森林和沼泽。

石炭纪时期气候温暖湿润，那时在原始沼泽森林中生活着的并不是哺乳动物，而是长达 2.5 米的蜈蚣和巨型蝎子等。丛林上空则时不时有巨型蜻蜓飞掠而过。

石炭纪，拾炭季！

如今的大部分煤矿床形成于石炭纪，那时的沼泽、森林变成了煤田，石炭纪也因此得名。石炭纪时期森林中常见的是桫椤科和木贼科植物。枯死的植物倒伏在地，沉入沼泽底，逐渐被沉积层覆盖。沼泽底部没有空气，枯死的植物经微生物分解，缓慢地演变为泥炭，保存在沉积层中的泥炭经过成岩作用变成褐煤，褐煤再经过长时间变质作用最终形成烟煤。在煤的这一转化过程中，成煤物质中的碳含量不断上升，其颜色也会不断加深、变黑。

在煤矿床中我们仍能找到原始森林留下的痕迹，如古蕨类植物化石等。

蒸汽机发明后，人类便开始大量燃烧煤炭。史前植物通过光合作用获取能量，煤炭是史前植物经过上百万年的时间转化形成的，所以从根本上来说，人类燃烧煤炭是在利用存储于古生物中的太阳能。我们还可以利用煤炭来冶炼钢铁。人类进入工业时代后，煤炭就成了最重要的燃料和原材料；煤炭为蒸汽火车行驶提供动力，并维持工厂正常运转。

植物给地球降温

石炭纪末期，地球大气中二氧化碳的浓度已显著下降。枯死的植物在地层中逐渐转化为煤，并在此过程中不断吸收大气中的二氧化碳，随着大气中二氧化碳浓度的降低，地球慢慢降温了。现在人们使用煤炭时，又将储存在其中的二氧化碳重新释放到了大气中。

抽油机把位于地下深处的原油抽至地面。原油和天然气都是由生活在几亿年前的生物经过一系列复杂变化而形成的。

石油——史前生物的“尸骸”

浮游生物也是吸收和储存大气圈碳元素的主力军。在石炭纪等地质时代的原始海洋中，微藻也在进行光合作用。浮游动物以微藻等漂浮在海中的浮游植物为食。死亡后的浮游生物沉入海底，并嵌入沉积物中。由于与空气隔绝，浮游生物的残骸经过一系列复杂的物理和化学变化，逐渐转变为石油和天然气，即化石能源，也就是我们今天用来驱动汽车、飞机和轮船的燃料来源。

化石能源指的是古代动物和植物的遗骸经过漫长的演化过程而形成的天然燃料资源。过去200多年中，人类大量使用化石能源，将储存在史前植物中的二氧化碳再次释放到了大气层中，使得地球气温不断升高。

煤是怎样形成的?

石炭纪时期，地球上的湿热地区生长着繁茂的热带森林❶。枯死的植物被掩埋，与空气隔绝，在沉积层的重力作用下最终转变为褐煤❷。地层中压力上升，褐煤逐渐变成烟煤❸。煤通过这种方式固化和存储碳元素。

恐龙时代的地球气候

地球中生代始于2.52亿年前，可被划分为三纪，分别是三叠纪、侏罗纪和白垩纪。相比今天，中生代的大气层中二氧化碳的含量更高。在温室效应的作用下，当时的气候比现在温暖得多。暖和的气候环境下，植物生长茂盛，因此地球表面植被密度较大。植食性动物有充足的食物供给，最初的小型恐龙也因此逐渐进化成为真正的大型动物。显然，体形越大的动物在特定的环境条件中越具有生存优势！然而植食性动物体形越大，就越容易成为肉食性恐龙的狩猎对象。异特龙和霸王龙是人们熟知的肉食性恐龙，它们分别生活在侏罗纪晚期和白垩纪。约6600万年前，即白垩纪晚期，恐龙家族突然从我们的星球上消失得无影无踪了。

“恐龙大灭绝”

恐龙灭绝的原因一直是人们津津乐道的话题。一些学者认为，一颗撞击了墨西哥尤卡坦半岛的陨石，是导致恐龙灭绝的罪魁祸首。这颗陨石穿越宇宙，闯入地球的绕日公转轨道，在撞击地球的瞬间释放出巨大的能量。此次撞击激荡起大量灰尘进入大气层，遮蔽阳光，进而导致连续数年全球气温下降，恐龙也就失去了适宜的生存环境。还有一些学者则主张，一场持续多年的火山喷发事件才是杀死恐龙的真正元凶。火山爆发，喷出大量的灰尘和二氧化硫气体，使气候状况急剧恶化。当然，也可能是这两个事件共同的作用导致了恐龙的灭绝。

天降灾厄

巨型陨石撞击地球，释放出巨大能量，瞬间将附近的生命全部摧毁。此外，撞击事件还引发漫天大火，使大量的粉尘迅速散逸至全球各地，并在沿海地区引发大规模海啸，地球上几乎无一处能幸免于难。海啸是具有破坏性的巨浪，海啸登陆后会对沿海地区造成毁灭性破坏，所到之处一片狼藉。特大海啸甚至可以侵袭或推进至更远的内陆地区，并吞没所波及的一切动物和植物。除了这些短期危害以外，撞击事件带来的长期气候变化对地球生命的影响更加深远，更加强烈。

陨石——地球气候的塑造者

巨型陨石撞击地球时释放出巨大的热能，使大量岩石瞬间蒸发，含硫物质进入大气层并在高空中随着气流飘散至全球各地，给地球蒙上了一层面纱。灰尘在大气层中短暂停留后，慢慢又落回地面；硫化物却长期飘浮在空中，遮蔽阳光，并持续影响地球的气候状况。计算机模拟结果显示，当时全球年平均气温至少下降了26℃，年平均气温持续多年低于0℃。恐龙习惯了在热带环境中生存，它们无法抵抗和适应酷寒气候的侵袭。此外，地球表面获得的太阳辐射少，温度低，也使得植物的种类和数量大幅下降。恐龙巨大的身体需要摄取大量的食物，在食物供给不足的情况下，大体形也不再是一个生存优势。据科学家推测，地球气

温暖适宜的气候！

地球中生代的气候环境对植物的生长十分有利，所以那时的地球上生活着大量的植食性动物，如梁龙、腕龙等。

候在大约 300 年后才再次恢复正常。然而这对恐龙来说已经太迟了——只有小型动物在这次灾难中有幸存活下来。

致命火山

6600 万年前，我们的星球上发生了另一起影响深远的重大事件。在今天印度的德干高原，大量的岩浆咆哮着从地底喷涌而出，这场火山爆发持续了 3 万年之久。岩浆冷却凝固后覆盖了火山附近方圆 50 万平方千米的广大区域，形成了巨大的火成岩区。时至今日，印度德干高原火成岩区的岩层仍厚达 1000 多米！这次火山爆发向空中喷出了大量的灰尘和气体，其中就包括能造成气候变化的含硫气体。一些科学家认为，此次火山喷发事件才是导致恐龙灭绝的真正凶手。

撞击说

主流观点认为，天外陨石撞击地球是导致地球上恐龙灭绝的主要原因。

结　局

无论是陨石撞击地球，还是火山剧烈喷发——它们所带来的气候变化才是最终导致恐龙灭绝的原因。这两个事件后，地球出现了剧烈降温现象。

知识加油站

- 白垩纪末期，恐龙并未彻底灭绝——鸟类由若干种恐龙进化而来，是恐龙的后裔。
- 恐龙退出舞台，此前一直位居幕后的哺乳动物开始飞速进化，逐渐成为地球新的主宰。
- 在地球这一生态系统中，哺乳动物最终占据了恐龙曾经的生态位，并慢慢进化出了灵长类动物，其中就包括人类的祖先。归根结底，剧烈的气候变化促使了生物的进化和交替。

冰期和人类

气候变化推动了生物进化，自然界也不断孕育出新的物种，就连人类的诞生也和气候息息相关。约700万年前，非洲的早期人类与其他类人猿分道扬镳，步入了完全不同的进化路径，迈出了通往人类的关键一步。

非洲——人类诞生的“摇篮”

全球气温下降，进入大气层的水汽减少，降水量也随之降低，这对世界各地区的气候环境产生了不同的影响。人们在非洲南部发掘出了许多古人类化石，因此那里发生的气候变化尤为重要。非洲南部和东部地势隆起，形成高原。气候日渐干燥，遮天蔽日的森林慢慢消失殆尽，取而代之的是视野开阔的热带稀树草原。此外，非洲东部的地壳发生大断裂，形成了今天的东非大裂谷。

直立行走

辽阔的草原上出现了形形色色的群居动物，如羚羊、角马和斑马等。人类的祖先类人猿在丛林中早已锻炼出了用后肢直立行走的能力。稀树草原以多年生草本植物为主，其间稀稀落落地生长着一些乔木和灌木。类人猿被迫离开森林后，来到了稀树草原生活，直立行走的姿势使它们能及时察觉到高高草丛中埋伏着的凶禽猛兽。如此，相比其他用四足行走和奔跑的动物，类人猿就具备了一个巨大的生存优势。此外，直立行走还有一个重要的加分项：由于类人猿的双手获得了解放，不再用于行走，它们就可以用手做更多的事情，例如制造工具和运输食物等。

气候和文化

最古老的以岩石制成的工具至今已有330万年的历史。更新世又名冰川世，开始于距今约258万年前。在更新世中，人类祖先制作工具的手艺日渐纯熟。更新世中气候冷暖更替，冰期和间冰期交替出现。即使在气候较为温暖的间冰期，地球的两极地区和高山区也被厚厚的

科学家们复原的“露西”等古人类骨架证实，320万年前我们的祖先就已经能熟练地直立行走了。

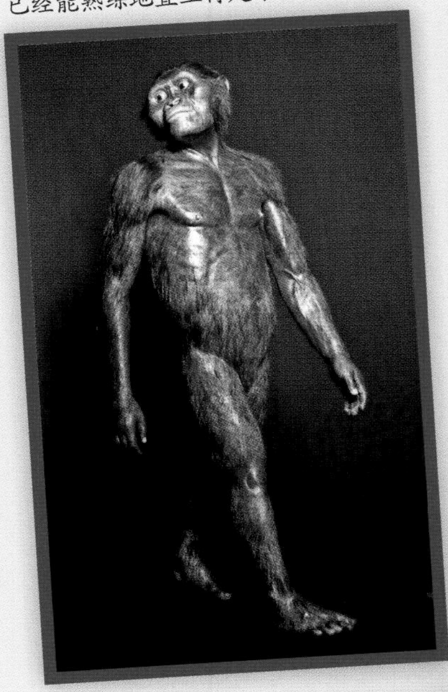

纪录
280万年
迄今为止，我们发现的最古老的鲁道夫人化石可追溯至280万年前，鲁道夫人是人属中最古老的一种。

更新世气候变化多端，促使了人类开始直立行走。

你知道吗?

人类制造和使用工具，进一步提升了自身对自然环境的适应性，并由此拉开了人类文明发展的序幕。自然科学和技术、语言、艺术都属于人类文明的范畴，而人类文明最初的成果就是这些最早的骨质和石制工具。

冰雪覆盖着。制造和使用工具提升了古人类应对天气和气候变化的能力。早期的工具大多由岩石、木头或动物骨骼制成，它们也促使古人类由植食性动物逐渐转变为杂食性动物。由于大脑会消耗大量的能量，所以这种饮食结构的转变也使古人类的大脑容量得以提升。换句话说，气候变化使我们的祖先变得更加聪慧!

居无定所

在过去的 250 多万年中，地球气候多次出现大幅度冷暖干湿相互交替的情况。这严重影响了动物和人类的食物供给。动物为了寻找水源和食物，离开了它们生活和栖息的场所——人类也跟随动物离开故土，开始了以狩猎和采集为主的流浪生活。据推测，人类的祖先大概是在 200 万年前离开非洲大陆，向欧洲和亚洲迁徙的，并在新的地方不断进化和发展。在非洲，没有迁移的古人类族群则进化成了现代人。约 10 万年前，非洲智人逐渐迁徙并分散至世界各地，他们或驱逐取代当地的古人类族群，或与其通婚并融合。他们居无定所，四处迁徙和流动。

米兰科维奇理论

地球冰期和间冰期交替出现的原因究竟是什么呢? 天文学家米卢廷·米兰科维奇提出了一个理论：地球气温的高低受太阳辐射强度的影响，太阳辐射强度则主要受三个要素的影响。第一个要素是地球公转轨道的偏心率，地球环绕太阳公转轨道的形状有时接近正圆形，有时接近椭圆形，这个变化大约每 10 万年发生一次。第二个要素是黄赤交角，大约每 4.1 万年会发生一次改变。第三个要素是岁差，即地球自转轴的进动，致使回归年比恒星年短。以上三个要素的共同作用，引起了地球气候冷暖交替的周期性变化。然而事实上，单一的太阳辐射强度变化并不足以解释地球冰期和间冰期交替发生的气候现象，它仅仅只是一个导火索。地球平均气温的大幅度变化主要还是由冰反照率的反馈机制等要素引起的。

“更新世的孩子”

更新世多变的气候状况促成了人类以及人类文明的重大发展和突破——人类的脑容量增大，并开始使用工具、应用语言，直至出现高级文明。因此，我们可以把人类视作“更新世的孩子”——如果没有更新世，现代人类可能永远不会出现。

工具和狩猎武器提升了人类对自然环境的适应性。借助各种工具和武器，古人类能够在气候寒冷的冰期生存下去。

开启定居生活

10000 多年前，北半球的冰川开始消退，这标志着更新世结束，地球进入全新世。全新世是从更新世末期延续至今的一个间冰期。这一时期对于人类的发展有着至关重要的意义，温暖的气候使我们能够过上定居生活。

从狩猎到农耕

在更新世通过采集和狩猎顺利存活下来的人类族群，在全新世又找到了新的获取食物的方法。人们逐渐在世界各地定居下来，并开始了以农耕和养殖为主的生活和生产模式。小型的群落发展成村庄和城市，并最终发展出了更高级别的社会组织形式——国家。城市中有着较为明确的劳动分工，也就是说并不是所有人都会从事农业生产。总而言之，科学和文化终于诞生了，它们是人类文明赖以进步和发展的基础。

荒原漠漠

全新世气候环境十分稳定，沙漠因此得以形成。当然，全新世中，气候还是出现了一些小的波动，例如：约 5000 年前，本是生命绿洲的撒哈拉地区变成了辽阔无际的沙漠。科研人员对北非海岸线附近的海洋沉积物进行了化验，结果也证实了这一点——从海洋沉积物中提取的样本显示，沉积物中来自撒哈拉沙漠的沙量在过去 5000 年中是逐渐增多的。计算机模拟结果显示，米兰科维奇理论中的三个要素可能是造成撒哈拉地区气候变干的原因：三要素的变化使得非洲北部的季风雨强度减弱。季风指的是风向随季节有规律改变的风，季风有时来自海上，有时则吹向大海。季风的风向一般每半年变化一次。有季风的地区一年中通常会有干、湿季之分。

“绿色的土地”

中世纪时，北半球处于一段气候相对温暖的时期，人们称其为“中世纪暖期”。公元 900 年至公元 1300 年间，就连格陵兰岛上的气候都异常温暖，而今天的格陵兰岛常年被冰雪覆盖。那时，格陵兰岛的海岸地区郁郁葱葱、绿意盎然，格陵兰岛也因此得名，格陵兰（Greenland）的字面意思就是“绿色的土地”。中世纪时期，一些维京人就来到这里。然而在 14 世纪末期，极端天气频发，异常寒冷和温暖的年份次第出现。气候多变的时期结束后，中世纪暖期终结，地球再次出现大规模降温。由

野兽洞窟

7000 多年前，撒哈拉地区的居民用壁画的方式描绘了众多的动物形象，它们千姿百态、栩栩如生。那时的撒哈拉地区水草肥美，有各种各样的飞禽走兽出没，还是一派生机勃勃的景象。

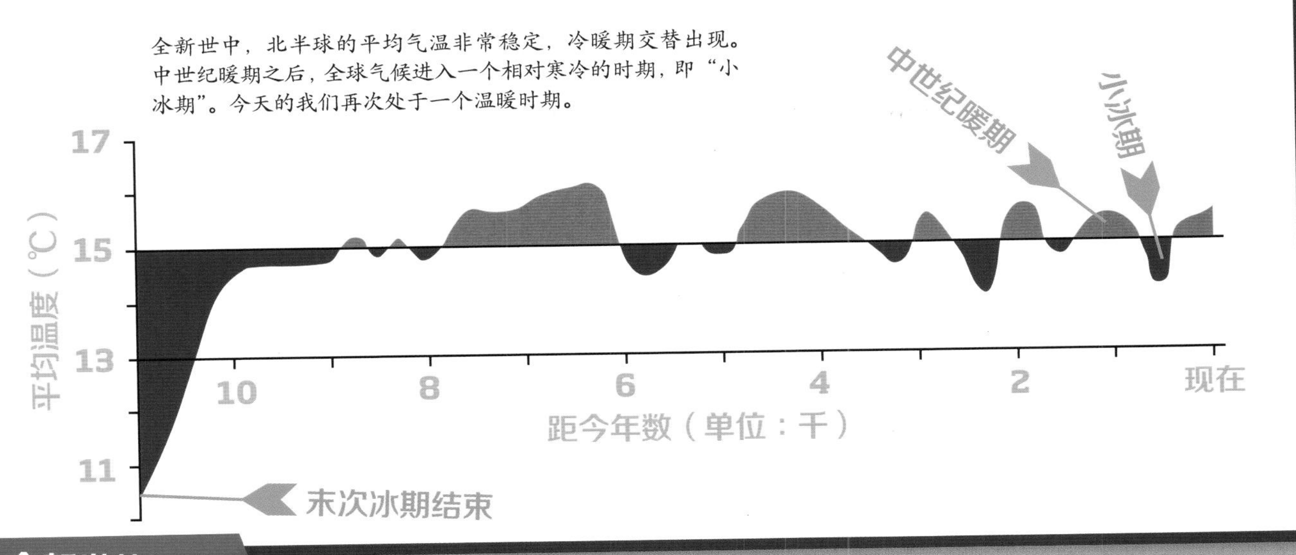

全新世中，北半球的平均气温非常稳定，冷暖期交替出现。中世纪暖期之后，全球气候进入一个相对寒冷的时期，即“小冰期”。今天的我们再次处于一个温暖时期。

全新世的温度

于气候变化，维京人不得不放弃他们安居乐业的家园，离开了格陵兰岛。

小冰期

此次降温使地球进入小冰期，小冰期一直延续至 19 世纪初。这段时期，欧洲中部冬季十分寒冷，江河湖泊都被冰封。那时的人们充分利用了封冻的水域：当时的绘画作品显示，人们会在冰上开办集市，还会滑冰。小冰期的夏季短暂多雨，冰雹等极端天气多发，所以粮食几乎连年歉收，饥荒和战乱频繁出现。

农业新发展

为了能够生存下去，人们努力寻找应对粮食短缺的方法。这就包括试验新的作物栽培技术，尝试培植从美洲大陆引入的新发现的植物种类，如马铃薯和番茄等。这是一个农业技术大发展的时期，新的农业生产方式时有出现。人们用纸张和书籍传播新的农业知识，现代自然科学也由此诞生。我们可以将所有这一切都归结于这一时期的气候变化。

小冰期的冬天，河流和湖泊被冻结。画家将冰上喧嚣、热闹的场景记录在了画作中。

气候变暖

1850 年左右，小冰期结束，地球再次变暖。从那时开始，气温稳定升高，且上升速度比此前任何一个时期都要快。在过去 100 年中，全球平均气温上升了约 1℃。许多学者都在从事这方面的研究，试图弄清全球气温升高的原因以及这种变化对人类未来的影响。

气候温和时，一些维京人迁徙到了格陵兰岛。气候变冷后的一系列变化又使他们不得不放弃那里的居所。

气候变暖

火力发电厂发电、汽车行驶、轮船航行、飞机飞行、房屋供暖等各种人类活动都会释放二氧化碳气体，进而导致温室效应加剧。开采使用化石燃料和大规模养牛会排放甲烷，这是一种比二氧化碳更加活跃的温室气体。

相比其他生物，人类存在于地球上的时间并不长。人类自诞生以来，逐渐适应了不断变化的地球环境。最初，人类的生活并未对气候产生影响。然而，人类和其他大多数动物之间存在显著差异：我们能够熟练地制造和使用工具，并驯服了火焰。智人最终走遍了所有的气候带，征服了各大洲。伴随着人类探索世界的步伐，全球总人口数量也在急速增长。更新世末次冰期结束时，估计共有 500 万到 1000 万人在这颗星球上繁衍生息；2000 年前地球总人口数约 2 亿。截至 2021 年，世界人口总数已超过 78 亿。

温室气体增多

随着 18 世纪工业革命的开始，世界人口的增长幅度明显加大。在过去的两个世纪中，人类将化石燃料广泛用于生产和生活——起初煤是最主要的燃料，接着人们开始大规模使用石油和天然气。蒸汽机、发电厂、汽车、轮船、飞机、工厂和家庭炉灶都会焚烧含碳物质。如此，越来越多的二氧化碳被释放出来，并聚积在大气层中。

工业化国家排放大量的温室气体。然而温室效应造成的气候变暖却会影响所有的国家，包括能源消耗量较低的发展中国家。

气温升高

增多的二氧化碳，连同其他人类活动排放的温室气体，一起导致了温室效应的加剧。仅仅在过去的 100 年中，全球平均气温就上升了 1℃。在地球历史中，气候变化主要是在没有人为干预的情况下自然发生的，但目前仍在加剧中的全球变暖却主要是由人类活动造成的。

基林曲线

1958 年，化学家和气候学家查尔斯·大卫·基林率先在美国夏威夷岛定期测量大气中二氧化碳的含量。人们在夏威夷岛的冒纳罗亚火山建立了大气成分观测系统。基林开发出了一种新的测量仪器，它可以吸入空气并持续测定其中二氧化碳的含量。

这项监测工作直到今天仍在继续进行。基林绘制的反映大气二氧化碳含量变化的曲线叫基林曲线，它为全球二氧化碳浓度持续加速增长的现状提供了令人信服的证据。在评估观测数据后，基林坚信，人类焚烧化石燃料，排放二氧化碳的行为加剧了全球变暖趋势。

二氧化碳不断增加

二氧化碳浓度的计量用 ppm（即百万分比浓度）表示。1 ppm 意味着，1 立方米的空气中含有 1 毫升的二氧化碳。

1958 年基林开始从事监测工作时，大气中二氧化碳的含量略低于 320 ppm。通过研究冰芯，我们可以复原大气中二氧化碳浓度的历史变迁。1750 年，也就是工业革命开始前不久，全球的二氧化碳浓度还只有 280 ppm。2017 年全球二氧化碳浓度就已经超过 405 ppm！人类活动导致大气中二氧化碳的含量持续增加，是造成全球平均气温急剧升高的主要原因。虽然人类释放的其他温室气体（如：甲烷等）也加剧了温室效应，但是从总体来看，二氧化碳仍是形成温室效应的最主要气体。

太阳和火山活动

此外，科学家还研究了太阳辐射和火山活动对目前气候状况的影响。太阳活动的波动对气候的影响十分微小。火山发生小规模爆发时，喷出的物质进入大气层后，会停留数年，在此期间将太阳辐射反射回宇宙空间，这在一定程度上起到给地球降温的作用。由此可见，自然因素无法对目前气温升高的情况作出合理解释，人类才是造成全球变暖的元凶。

从太空中远观地球，欧洲的一些发达国家夜间一片灯火通明。城市中有灯光就表明大量的温室气体正在源源不断地排放出来。

自 1958 年以来，科研人员一直在夏威夷岛的冒纳罗亚火山上采集空气样本，并测定大气中二氧化碳的含量。冒纳罗亚火山观测点是全球温室气体监测网的一部分。

冰雪消融

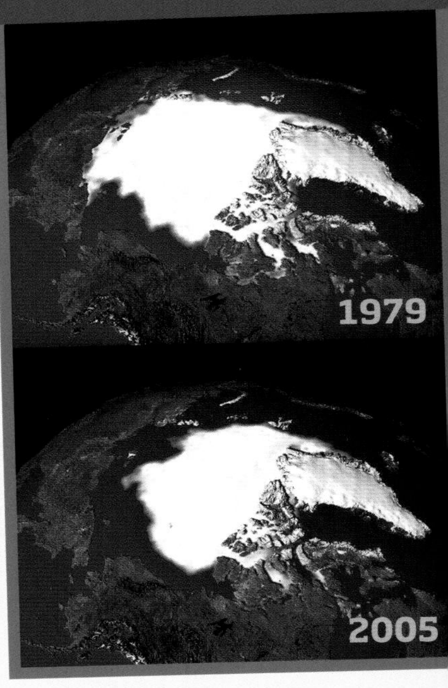

夏季的北极海冰面积缩小，厚度变薄。自 20 世纪 80 年代初以来，北极地区的海冰减少了四分之一。反照率反馈机制放大了一些由冰层融化带来的变化，进一步加剧了北极地区气候变暖的趋势。

数据显示，由于人类排放的温室气体不断增加，全球气候持续变暖。气候学家利用计算机构建气候模型，用以评估和预测气候变化对人类社会和自然环境的影响。目前，地球冰层加速消融的现状令人忧虑：北冰洋的海冰正在不断融化，格陵兰岛、南极洲和高山区的大陆冰川也在持续消退。

海冰消失

海冰指的是漂浮在海上、由海水冻结而成的冰。海冰融化并不会导致海平面上升，但是会带来一系列其他的危害。北极熊的生存离不开海冰，它们在海冰的裂缝处捕食海豹。当海冰消融或一年中海冰覆盖海面的时间缩短，北极熊就很难找到食物，它们的生存会面临严重威胁。北冰洋的海冰下还生活着北极鳕鱼的幼鱼，它们以水中的藻类和浮游动物为食。若海冰彻底消失，北极鳕鱼的“冰下育儿室”也将不复存在，而北极鳕鱼是北极海域大型食物链中十分重要的一环。

海平面上升

全球气候变暖的大环境下，造成海平面上升的主要原因有两个：第一，大陆冰川融化，汇入海洋的水量增多；第二，水的体积随温度升高而增大。自 1880 年以来，全球海平面总计已上升了 20 多厘米！其中大部分是由水的热膨胀造成的。如果全球变暖的趋势继续持续下去，到 2100 年仅海水热膨胀就可能导致海平面至少上升 30 厘米。在这种情况下，沿海地

你知道吗？

1951 年至 2010 年间，全球气温升高了 0.7℃。政府间气候变化专门委员会（英文缩写：IPCC）将其归因于人类活动排放的温室气体造成的温室效应。自然因素只导致世界气温升高了 0.1℃。

德国“极星号”科学考察船上的科学家正在追踪和观测北极海域海冰消退的情况。他们发现，在过去数十年中北极海冰的面积已大幅缩小，厚度也显著变薄了。

区发生洪灾的概率也将增加。印度洋和太平洋中的一些地势低平的珊瑚岛可能会无法居住。

冰川消退

除了海水热膨胀，格陵兰岛、南极洲等地的大陆冰川或冰盖融化也是造成海平面上升的重要原因。现在，海平面每年上升约 3.5 毫米。虽然沿海地区和海岛在短期内不会被海水吞没，但是海平面上升还是会增加这些地区遭遇自然灾害的风险。当风暴潮、潮汐洪水、巨型海浪同时来袭时，沿海地区或海岛上就可能会暴发洪水。极端洪水可以冲垮堤坝，淹没村庄和城市。

到 21 世纪末，地势低平的岛屿或群岛可能会被海水彻底吞没。在那之前，岛上的居民必须去寻找新的家园。

许多科学家推测，升高的海平面增强了飓风桑迪的破坏性。这场飓风在 2012 年造成了巨大的人员伤亡和财产损失。

IPCC：政府间气候变化专门委员会

IPCC 是政府间气候变化专门委员会的英文缩写，其英文全称是“Intergovernmental Panel on Climate Change”。政府间气候变化专门委员会专家组的主要工作就是收集气候变化的相关信息，分析和评估全球变暖对社会和经济的潜在影响。

全球变暖还会带来哪些可怕的后果？

海平面上升是全球变暖的直接后果，这一点很容易理解，但是它并不是唯一后果。少数人类将受益于全球变暖，例如：在阿尔卑斯山以北地区种植葡萄的果农，他们的葡萄收成可能会变好，因为葡萄在温暖的气候条件下长势更好。

旱灾、洪灾和森林大火

全球气候变暖可能会导致世界各地的天气状况发生变化，干燥的地区会变得更加干燥，湿润的地区则可能会变得更加潮湿。这一现象看似有些矛盾，实则有十分简单且合理的解释：温度升高，水的蒸发量增加，水循环加快。这导致本就干燥的地方变得更加干旱，而原本降水量较大的地区降水量会进一步增加，发生洪灾的风险也随之变大。气候炎热、干燥的地区，发生森林火灾的风险会更高。现今，世界上不少地方，如澳大利亚、美国和欧洲的一些国家，森林火灾发生的频率已呈上升趋势。

极端天气

全球变暖意味着大气和海洋会储存更大的能量，而这又会导致极端天气事件的发生，例如：冬季出现飓风或强降雪天气。美国等地暴风雪多发，可能就是全球气候变暖造成的。虽然部分地区冬季风暴、雪暴频发，但这并不意味着全球变暖的观点是错误的。总体而言，全球气候确实变得更炎热了。高温天气不仅令人难以忍受，而且也很危险：极端高温天气可能致人死亡，老年人和病人要尤其注意。

病虫害

全球变暖可能还会导致一些虫媒传播的传染病暴发，例如：寨卡病毒病和登革热就是以蚊子为媒介在人与人之间传播的顽疾。在气候温暖的地区，这两种疾病从染病到发病之间间隔的时间会缩短，这使得疾病的传播速度加快。更糟糕的是，气温升高还会使携带病原体的昆虫和寄生虫的分布区域扩大。目前，寨卡病毒病和登革热已经袭击了欧洲的部分地区。

如果气候变化使一些地区变得更加干燥、炎热，那些地方未来发生森林火灾的风险可能会进一步上升。

你知道吗？

气温每升高1℃，大气中水汽的含量也会随之增加。大气中的水汽过饱和就会化为雨水落到地面，在一些地区形成降水。科学家认为，随着全球变暖趋势加剧，暴雨天气也会增多。

物种灭绝

一些植物和动物无法在短期内快速适应变暖的气候，或者它们无法离开故土并找到新的安居之所。随着全球气温升高，这些物种将会彻底消失。如果高山区变得越来越暖和，植物和动物就会向上迁移，它们会挤压或抢占原本就生活在那儿的生物的生存空间，而这些生物早已适应了山巅寒冷的气候环境。我们可以预见，未来全球变暖将会导致大规模的物种灭绝现象出现。

南北半球气温变化反差

气候变化导致的气温变化可能会因地而异。虽然总体来说，全球气候变得更温暖了，但是南半球的部分地区气温却下降了。与此相反，北半球的整体气温确实显著上升了。

西伯利亚气象塔

北极地区的土壤大多是永久冻土，冻土中冰封着大量的碳元素。气候变化使北极地区气温升高。这对冻土层和温室气体会产生怎样的影响呢？利用西伯利亚地区的气象塔收集的数据，我们可以计算出在全球变暖的影响下，永久冻土解冻后会释放出多少二氧化碳和甲烷。

暴风雪过后，美国密歇根湖被厚厚的冰雪覆盖，放眼望去冰天雪地，白茫茫一片。强烈的冬季风暴也是气候变化带来的恶果之一。

不可思议！

如今，人类活动排放的温室气体使大气层获得了无比巨大的能量——大气层每秒获取的能量大约相当于50万道闪电叠加在一起！因此，气候变暖给我们的星球带来巨大变化，也就不足为奇了。

未来的气候

今天，海平面上升已经威胁到了英国的首都伦敦。图中的泰晤士水闸把泰晤士河与北海（大西洋东北部的边缘海）隔开，保护着伦敦免受洪水的侵害。

2018年，政府间气候变化专门委员会发布了一份特别报告。报告预测，如果全球气温比工业革命之前升高1.5℃，世界将会面临前所未有的困境和危机。自工业革命以来，地球气温已经上升了1℃。现仅有半度之差，就会是穷途末路了吗？许多国家将1.5℃这一限值定为温度阈值，视其为不可打破的危险界限。为了将全球平均气温的上升幅度控制在1.5℃以内，人类要尽快将温室气体的排放量降低至零。大气中温室气体的含量已经不能再继续增加了。

未来会发生什么？

如果我们能迅速决断，高效行动，那么到2100年全球气温只会上升1.5℃。如果我们未能成功遏制全球变暖的趋势，世界会发生哪些变化呢？首先海平面上升的幅度将难以预计。政府间气候变化专门委员会的科学家分析和评估了全球变暖的后果，并在计算机中模拟了各种可能出现的情形。他们得出结论，如果我们现在不想办法减少温室气体的排放，许多人将遭遇灭顶之灾。如果全球变暖持续加剧，沿海地区将洪水频发，人类还将面临用水紧张、粮食短缺等重大生存问题。

+ 1.5 °C

暴雨、热浪和洪水等极端天气会更加频繁。台风的强度增强且更具破坏性。海平面可能会上升80厘米。位于沿海地区的国家将不得不加高和加固防海堤坝。目前受季风影响，孟加拉国等发展中国家已饱受洪灾困扰。然而这些国家的工业还不够发达，难以提升海堤的防护能力。

+ 2 °C

海平面可能会上升90厘米。北极海域夏季可能会呈现无冰状态。许多学者认为，2℃是全球变暖的临界点。也就是说，如果全球平均气温的上升幅度超过2℃，全球变暖的趋势将无法逆转。在那种情况下，格陵兰岛和南极洲西部的冰层融化将无法遏止。这将导致海平面在接下来的几个世纪中上升数米。

海上生活

当海平面上升，沿海地区的城市被水淹没，人工岛或海上漂浮城市可以为人类提供新的居所。但是普通老百姓可能负担不起在这样的城市里居住和生活的成本。

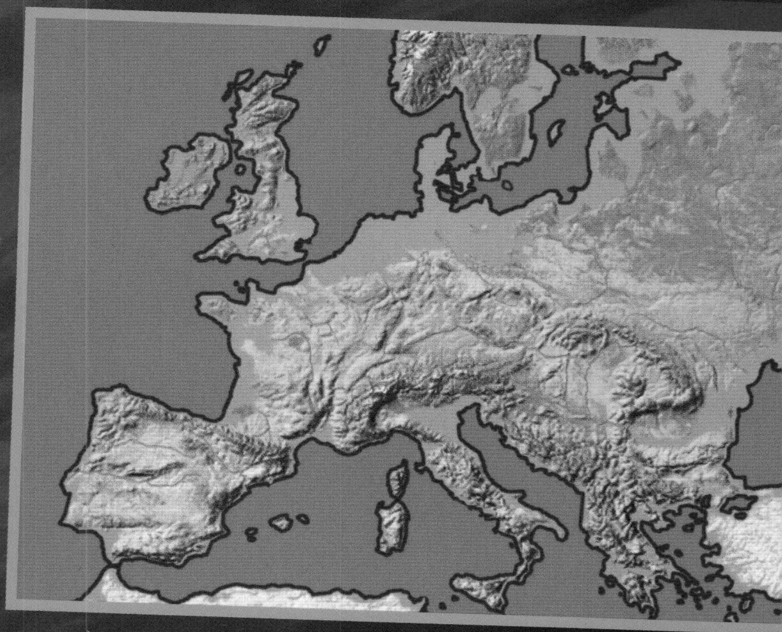

如果全球平均气温升高5℃，欧洲沿海地区将会面临灾难性的后果。图中深蓝色的线条描绘的是今天的海岸线。如图所示，如果全球平均气温升高5℃，丹麦和德国北部都会被海水淹没，人们将无法在那里居住。

海平面可能会上升1米，并且会在未来继续升高。许多地区特大洪水的发生频率会增加。本就干燥的地区降水量会进一步下降，变得更加干燥。非洲南部、美国西南部和地中海沿岸的国家将会饱受旱灾困扰。

海平面可能会上升2米。世界大部分沿海地区将被海水淹没，部分特大城市消失。在接下来的几个世纪中，地球上最后的冰盖也将融化消失，海平面总共会上升约60米。到最后，目前所有的沿海地区都将淹没在水下。

在德国法兰克福市，人们走上街头，抗议不合理的气候政策。图中展示的是发生在德国法兰克福市的游行活动。气候变化对下一代人的生活和生存影响尤为重大。

全球气候保护

人类必须重视气候保护，这样人类的后代才能继续在地球上生存下去。为了减缓并遏制气候变化及其带来的影响，人类必须刻不容缓地采取行之有效的措施。

减少温室气体的排放

全球碳减排任重道远：各国政府必须采取措施大幅度减少二氧化碳等温室气体的排放量，否则全球变暖的趋势将难以遏制。人为产生的温室气体主要来源于化石燃料的燃烧，因此人们必须找到化石能源的替代品。我们可以用太阳能、风能、水能或地热能等可再生能源替代传统的化石能源。一些人认为，政府发展核电可以减少火力发电带来的二氧化碳排放问题。然而，核电也有一些亟待解决的问题和缺陷，例如：针对核废料，人类目前还未找到绝对安全可靠的处理方法。

地球一小时

每年 3 月最后一个星期六，许多人都在晚上 8:30—9:30 熄灯一小时。2007 年 3 月 31 日澳大利亚的环保人士首次开展了“地球一小时”的活动。当晚，澳大利亚有 200 多万户家庭响应号召，关灯 1 小时。此后，这个活动每年都会举办一次，并得到了全球许多国家的响应，目前已是世界上规模最大的环保行动。它可以使公众认识到保护地球的重要性，增强大家的环境保护意识。个人、企业和政府都可以自发关灯 1 小时，共同参与“地球一小时”活动。2019 年的“地球 1 小时”活动中，全世界超过 180 个国家的标志性建筑在这 1 小时中都未亮灯。“地球 1 小时”活动向我们发出警示，如果我们继续无所作为，受到威胁的将不只有人类自身，50% 的动植物也将逐渐消失。

2019 年的“地球一小时”，柏林勃兰登堡门的照明设施关闭 1 小时。当时在世界范围内，有数千个城市参与其中，一起表达人们保护环境、应对气候变化的决心。

人工为地球降温?

一些学者建议通过人工手段去给地球降温：人们可以把部分太阳光线反射回太空，或去除大气层中的二氧化碳。然而，由于相关技术尚未成熟，目前这些重大的气候干预措施还不具备可操作性，而且具体实施过程中可能出现的危害也尚未明确。要清除大气层中的二氧化碳，大型工业设施是必不可少的，而工业设施可能又会造成新的环境问题。

交通运输

交通运输行业要努力实现节能降耗。未来的汽车必须降低能源消耗，或以可再生能源为动力。相比私家车，乘坐公共交通工具更加环保，因为公共交通工具排放的二氧化碳更少。如果需要驾驶汽车外出，最好选择绿色环保的小型汽车。人们可以采用多种方式和手段来保护地球气候。

气候保护与建筑

2010 年，全球 19% 的温室气体的产生和 32% 的能源消耗都来自建筑物。建筑物的能耗主要是由房屋供暖和空调制冷产生的。如果我们继续保持现状而不做出任何改变，到 2050 年建筑物的能源消耗量将增加 1~2 倍。未来，会有越来越多的人住进通气供电的房屋中。如此，全球能耗又将继续上升。

因此，我们迫切需要降低建筑物的能源消耗量。我们既要对原有旧建筑进行节能升级改造，也得设计和修建新的绿色建筑。未来，所有建筑物都应装上节能门窗，住宅要采用保温隔热的建筑材料，以减少热量损失。虽然低能耗绿色房屋的修建成本增加了，但在整个使用寿命期内，相比传统建筑，它们消耗的能源要少得多。建筑内部的能源也可以尽量使用可再生能源，太阳能热水器可以将太阳的辐射能转换为热能，为我们提供热乎乎的洗澡水；太阳能电池板则可以吸收太阳的辐射能，为住宅供电。

你知道吗?

借助铺设在屋顶的太阳能电池板，人们可以自己发电。这就是绿色电能。这种绿色电能是通过太阳能、风能或水力发电的方式获取的。太阳能、风能等都属于可再生能源，这种能源的巨大优势在于，对气候影响较小，且取之不尽、用之不竭。

环保小卫士

费利克斯·芬克拜纳（德国）

小学四年级的时候，费利克斯从一位来自肯尼亚的女士那里获悉，肯尼亚人在 30 年中一共种植了 3000 万棵树。听了这位女士的介绍，年仅 9 岁的费利克斯想，这样的种树行动我们也能做到。2007 年，他和学校其他的孩子一起种下了第一棵树。费利克斯成立了名为“为地球种植植物（Plant for the Planet）”的环保协会，以募集资金用于植树，欲为地球种下 10 亿棵树。2018 年，费利克斯被德国政府授予了联邦十字勋章，以嘉奖他为地球环保做出的杰出贡献。

我们可以做些什么？

保护气候，人人有责。政治家、企业家或普通公民，成年人、青少年或儿童——无论怎样的身份或职业，不论年长或年幼，每个人都可以，也必须行动起来，为保护地球气候贡献出自己的一份力量。只有这样我们才能避免最坏的结果出现。

环境友好型生活方式

如果我们想保护环境和气候，造福子孙后代，就必须降低个人二氧化碳排放量。环境友好型社会是一种人和自然和谐共生的社会形态。正在阅读本书的你也可以设法降低个人的二氧化碳产出量，参与到保护地球气候的行动中来。

碳足迹

碳足迹指的是各组织、机构、个人以及各项活动、产品等在一段时间内引起的各项温室气体排放的集合。它可以用来判断一个人的生活方式是否会对气候造成不良影响。用电、采暖、饮食、交通、服装、玩具、运动器械等所有这些都与碳排放相关，在计算碳足迹时要小心仔细哟！无论你做什么，都会留下碳足迹。你可以在哪些方面节省能源和原材料呢？个人要做到节能减排绝不是难事！

离开房间时，请把电脑、游戏机和电视机的电源拔掉。因为电器处于待机模式也会消耗电能。我们最好使用带开关的接线板，这样就可以一次性给所有的电器断电。离开房间时，也请随手关灯。

多走楼梯，有益健康！相比乘坐电梯或自动扶梯，运动更有益健康，而且可以节省能源。

老式白炽灯耗能较多，最好换成 LED 灯或节能灯。

不要过度供暖。在寒冷的季节，不要长时间开窗户。只给真正需要供暖的房间供暖。现实生活中，常存在房间供暖过度，室内温度太高的情况。

让衣服自然晾干，请尽量少使用烘干机。

食物在运输过程中会消耗大量能源。请尽量购买本地或周边地区生产的奶制品和肉类，减少能源消耗和温室气体的排放，并且不要浪费粮食，能吃多少就买多少。

请尽量购买本地或周边地区生产的水果蔬菜，最好在集市上或从农场里直接采购食物。

减少生活垃圾，多使用环保产品。尽量避免使用塑料袋，尽量不要购买过度包装的产品，许多产品都可以散装购买。单面打印的纸张的背面也可以用来书写。

许多电器的使用寿命都很长，没必要经常换新的家电。警惕消费主义陷阱，不要过度追求使用最新型号的智能手机。

现在，许多家长会开私家车送小孩上学。如果条件允许，可以尽量步行上学，或者骑自行车代步，公交车和地铁也是不错的出行选择。

汽车行驶和飞机飞行都会排放大量的二氧化碳。动车和高铁排放的二氧化碳则少得多，因此长途出行时可以尽量选择乘坐动车或高铁。

知识加油站

- 乘坐飞机会增加二氧化碳排放量。现在有些民航公司会显示每班飞机的人均碳排放量，人们可以选择碳排放量较低的航班出行。
- 人们可以多参加植树活动，以此对自己曾经产生的碳足迹进行一定程度的抵消和补偿。

名词解释

天气现象和气候变化与太阳息息相关。

温室效应：大气通过对辐射的选择吸收而防止地表热能耗散的作用，是大气对于地球保温作用的俗称。

温室气体：种类很多，主要有二氧化碳、水汽、甲烷、臭氧等。是“大气保温气体”的俗称。

天　气：瞬时或短时内风、云、降水、气温、湿度、气压等气象要素的综合状况。

气　候：某一地区多年的天气特征。包括多年平均状况和极端状况。由太阳辐射、大气环流、地面性质等因素相互作用所决定。

气候模型：基于电脑算法的气候分析工具。利用气候模型，可以复原历史气候状况和预测未来气候变化。

气候学家：以气候为主要研究对象的科学家。

气象学家：以大气现象为主要研究对象的科学家。

大气层：指大气圈，即包围地球的气体层。

对流层：大气层的最底层。云、雨、雾、雪等天气现象多发生在对流层。

平流层：指对流层顶以上到离地面约 50 千米的大气层。臭氧层也位于平流层中，它可以吸收对人类和动植物有害的紫外线。

反　射：波在传播过程中由一种介质达到另一种介质的界面时返回原介质的现象。

反照率：物体反射太阳辐射与该物体表面接收太阳总辐射的比率，也就是反射辐射与入射总辐射的比值。浅色表面的反照率高，深色表面的反照率低。

冰　期：地质历史中气候寒冷、出现强烈冰川作用的时期。广义的冰期指地质时期中的几次大的冰期，狭义的冰期则指这些大冰期中次一级的、与间冰期相对的冰期。

间冰期：大冰期中相对温暖的时期。

IPCC：英文全称是“Intergovernmental Panel on Climate Change”，即政府间气候变化专门委员会，是世界气象组织和联合国环境规划署于 1988 年联合建立的各国政府间机构。

红外线：在电磁波谱中，波长介于红光和微波之间的电磁辐射。人的肉眼不可见，但能被人体感知到的热辐射。也被人们称为“红外光”。

紫外线：在电磁波谱中，波长介于紫光和 X 射线之间的电磁辐射。也被人们称为“紫外光”人类无法看见或感知紫外线的存在。紫外线辐射对人体皮肤会造成损害，如：晒斑等。

二氧化碳（CO_2）：一种常见的无色无味的气体。所有动物在呼吸时，都会呼出二氧化碳。含碳物质在燃烧过程中，也会释放出二氧化碳。

冰雪圈：地球气候系统的一部分，水分以冻结状态存在于地球表层，包括海冰、大陆冰川、冰架、山岳冰川、积雪区和永久冻土等。

甲　烷（CH_4）：一种无色无味的气体。牛胃消化食物、沼泽中植物腐烂时都会产生甲烷。

米兰科维奇理论：有关地球上冰期气候出现时间与地球绕太阳运行轨道变化关系的理论。该理论中的三个重要参数分别为地球轨道偏心率、黄赤交角和岁差。

化石能源：由古代生物的遗骸经过一系列复杂变化而形成的天然资源，包括煤、石油和天然气等。如今化石能源是人类生产生活的主要能源，同时也是重要的化工原料。

痕量气体：单位体积大气中，仅占千分之一以下的气体。其中包括一氧化氮、二氧化碳等。

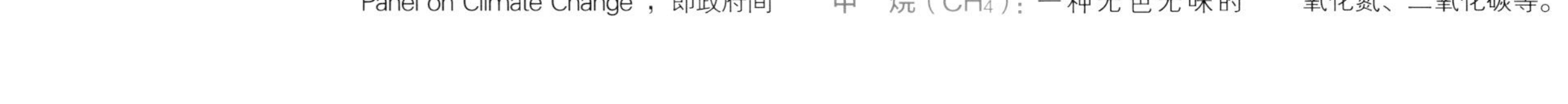

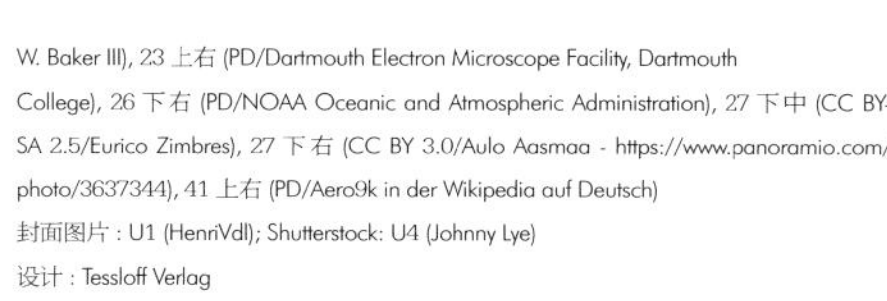

图片来源说明 /images sources：

Alfred-Wegener-Institut: 38 下 (Stefan Hendricks); Archiv Tesslo : 14 中 , 18 下 , 35 上左 , 43 上右 ;Flickr: 37 中右 (CC BY 2.0/NASA Earth Observatory), 39 中 (CC BY 2.0/NASA GOES Project); Max Planck Institut für Biogeochemie, Jena: 4-5 背景图片 (Jorge Saturno/MPI-C), 4 上右 (Dr.Eliane Gomes-Alves), 4 下右 (Dr. Eliane Gomes-Alves), 5 上右 (Tyeen Taylor); NASA: 40 上 (PD/Astronomy Picture of the Day/AFS,
BLM); picture alliance: 2 中 左 (Rolex Dela Pena/epa), 7 中 (Rolex Dela Pena/epa), 32 下 (akg-images), 32 中 右 (Pat Sullivan, fi le/ agoodman/AP Photo), 34 下 左 (Matthias T?dt/ dpa-Zentralbild), 37 下右 (Richard Vogel/AP Photo), 38 上右 (DB NASA/dpa), 43 下左 (Zakir Hossain Chowdhury/Pacifi c Press), 44 下右 (Paul Zinken/dpa), 45 下右 (Sina Schuldt/dpa); Reimann, Eberhard: 8l, 17 上 (bearbeitet durch Tessloff -Verlag), 29 下 右 , 36 下 ; Science Photo Library: 24 左 (David Hardy); Shutterstock: 1 (Mette Fairgrieve), 2 上 右 (solarseven), 3 上 左 (Morphart Creation), 3 上 右 (r.classen), 3 中 右 (maloff), 6 背 景 图 片 (Szczepan Klejbuk), 6 上右 (Enrique Aguirre), 7 上左 (Erde: vectorplus), 7 中右 (Cosmin Sava), 8 上右 (Soleil Nordic), 9 上左 (Designua), 9 上中 (Dennis Wegewijs), 9 上右 (Elena Odareeva), 9 背景图片 (Paopano), 9 中右 (imagedb.com), 10 上中 (1: sirtravelalot), 10 中右 (2: Gregory A. Pozhvanov), 10 下右 (Lenar Musin), 11 中 (3: Paolo Seimandi), 11 中右 (4: AMA), 11 上右 (5: Matt Tilghman), 12 背景图片 (solarseven), 12 上右 (Olesia_Ru), 12 中右 (Daniel Fung), 13 上右 (Leonid Ikan), 13 中右 (Merkushev Vasiliy), 14 下 (Siberian Art),15 上右 (Shestakov Dmytro), 15 下左 (JaneHYork), 15 中右 (guardiano007), 16-17 背景图片 (Andrey Matveev), 16 下中 (Allen.G), 17 中右 (Joana Villar), 18 背景图片 (Roberaten), 19 背景图片 (Alex Cofaru), 19 中 (Thermometer: iunewind), 20 上 (Designua), 20 上右 (Kevin Eaves), 21 上左 (Evgeny Kovalev spb), 21 中右 (Graphic design), 22 下右 (Andreea Dragomir), 22-23 背景图片 (Andreea Dragomir), 23 上中 (Rich Koele), 23 下右 (Ivan Smuk), 24 中右 (Blue bee), 24-25 背景图片 (Mihai_Tamasila), 25 上右 (totajla), 27 上 (mik ulyannikov), 28-29 背景图片 (Perutskyi Petro), 28 下左 (Edelwipix), 28 中左 (Morphart Creation), 30-31 背景图片 (Bildagentur Zoonar GmbH), 30-31 下 (Dotted Yeti), 31 中右 (DM7), 31 上右 (Andrea Danti), 34 背景图片 (mario.bono), 35 中右 (Everett - Art), 35 下右 (David Dennis), 37 上右 (r.classen), 39 上 (samserius), 39 上右 (maloff), 39 下右 (Bob Pool), 41 下 (John McCormick), 42-43 背景图片 (Krofoto), 42 上右 (Iain McGillivray), 42 下左 (Sk Hasan Ali), 42 下右 (Damsea), 43 上左 (u3d), 43 下右 (Steve Heap), 44 上 (Paapaya), 45 上右 (U.J. Alexander),
46 中 (ultramansk), 46 上 右 (Dima Sobko), 46-47 背 景 图 片 (Nataly Reinch), 46 下 右 (rocharibeiro), 47 上中 (David Papazian), 47 中左 (Liukov), 47 下右 (Artsem Martysiuk), 48 上右 (Paopano); Thinkstock: 3 下左 (Dorling Kindersley RF), 11 下右 (dibrova), 33 下右 (Dorling Kindersley RF); Wikipedia: 2 下 右 (CC-BY 4.0/Helle Astrid Kj?r/AWI), 10-11 上 (CC BY-SA 3.0/LordToran), 12 下右 (PD: http:// www.af.mil/main/disclaimer.asp/United States Air Force, Foto: Senior Airman Joshua Strang), 16 中 右 (PD/www.ngdc.noaa.gov/ hazardimages/ picture/show/690/T. J. Casadevall, U.S.Geological Survey), 19 中 (PD/NASA scientist Joey Comiso), 19 中右 (PD/NASA scientist Joey Comiso), 22 上右 (CC-BY 4.0/Helle Astrid Kj?r/ AWI), 22 中 右 (PD/http://www.defense.gov/ photoessays/photoessayss.aspx?id=1811/Fred W. Baker III), 23 上右 (PD/Dartmouth Electron Microscope Facility, Dartmouth College), 26 下右 (PD/NOAA Oceanic and Atmospheric Administration), 27 下中 (CC BY-SA 2.5/Eurico Zimbres), 27 下右 (CC BY 3.0/Aulo Aasmaa - https://www.panoramio.com/ photo/3637344), 41 上右 (PD/Aero9k in der Wikipedia auf Deutsch)

封面图片：U1 (HenriVdl); Shutterstock: U4 (Johnny Lye)

设计：Tessloff Verlag

图书在版编目（CIP）数据

全球气候 / （德）曼弗雷德·鲍尔著 ； 蔡亚玲译
. — 武汉 ： 长江少年儿童出版社，2023.4
（德国少年儿童百科知识全书 ： 珍藏版）
ISBN 978-7-5721-3758-7

Ⅰ. ①全… Ⅱ. ①曼… ②蔡… Ⅲ. ①气候变化—少儿读物 Ⅳ. ①P467-49

中国国家版本馆CIP数据核字(2023)第022959号
著作权合同登记号：图字 17-2023-025

QUANQIU QIHOU
全球气候
［德］曼弗雷德·鲍尔 / 著　　蔡亚玲 / 译
责任编辑 / 蒋　玲　　汪　沁
装帧设计 / 管　裴　　美术编辑 / 邓雨薇
出版发行 / 长江少年儿童出版社
经　　销 / 全国新华书店
印　　刷 / 鹤山雅图仕印刷有限公司
开　　本 / 889×1194　1/16
印　　张 / 3.5
印　　次 / 2023年4月第1版，2023年9月第4次印刷
书　　号 / ISBN 978-7-5721-3758-7
定　　价 / 35.00元

策　　划 / 海豚传媒股份有限公司
网　　址 / www.dolphinmedia.cn　　邮　　箱 / dolphinmedia@vip.163.com
阅读咨询热线 / 027-87677285　　销售热线 / 027-87396603
海豚传媒常年法律顾问 / 上海市锦天城（武汉）律师事务所　张超　林思贵　18607186981

WAS IST WAS
船的故事

WAS IST WAS
飞机的秘密
人类飞行的梦想

WAS IST WAS
火山探秘

WAS IST WAS
七大奇迹

WAS IST WAS
汽车世界

WAS IST WAS
鲨鱼家族

WAS IST WAS
百变天气

WAS IST WAS
穿越大自然
探究与保护

WAS IST WAS
鲸和海豚

WAS IST WAS
恐龙王国

WAS IST WAS
矿物与岩石

WAS IST WAS
爬行与两栖动物

WAS IST WAS
大自然的力量

WAS IST WAS
改变世界的电

WAS IST WAS
各种各样的鱼
水下的奇妙世界

WAS IST WAS
猫的家族

WAS IST WAS
奇境森林

WAS IST WAS
忠诚的狗

WAS IST WAS
浩瀚宇宙
宇宙的秘密

WAS IST WAS
狼的故事

WAS IST WAS
蚂蚁和白蚁

WAS IST WAS
美丽的蝴蝶

WAS IST WAS
蜜蜂和胡蜂

WAS IST WAS
潜水的魅力

WAS IST WAS
古老的希腊文明

WAS IST WAS
古罗马生活

WAS IST WAS
欧洲风情
人口、国家和文化

WAS IST WAS
骑士时代

WAS IST WAS
舞动的音符

WAS IST WAS
古老的城堡
中世纪的堡垒

WAS IST WAS
熊的秘密生活

WAS IST WAS
化石档案
生命的痕迹

WAS IST WAS
奇妙的昆虫

WAS IST WAS
极地世界
生活在冰雪王国

WAS IST WAS
神秘的蜘蛛
丝线上的猎手

WAS IST WAS
大象王国
柔和的“巨人”

WAS IST WAS
海底宝藏
沉没的宝藏
2023 NEW

WAS IST WAS
海洋之谜
海洋研究与保护
2023 NEW

WAS IST WAS
火星登陆
红色星球定居计划
2023 NEW

WAS IST WAS
忙碌的农场
动物、植物与农业机械
2023 NEW

WAS IST WAS
时尚魅影
时尚的古与今
2023 NEW

WAS IST WAS
全球气候
冰期和气候变化
2023 NEW